Akash Shukla
Vijay Makawana

Técnica baseada em caraterísticas para a estimativa do tempo de maquinagem

Akash Shukla
Vijay Makawana

Técnica baseada em caraterísticas para a estimativa do tempo de maquinagem

ScienciaScripts

Imprint

Any brand names and product names mentioned in this book are subject to trademark, brand or patent protection and are trademarks or registered trademarks of their respective holders. The use of brand names, product names, common names, trade names, product descriptions etc. even without a particular marking in this work is in no way to be construed to mean that such names may be regarded as unrestricted in respect of trademark and brand protection legislation and could thus be used by anyone.

Cover image: www.ingimage.com

This book is a translation from the original published under ISBN 978-3-659-90037-2.

Publisher:
Sciencia Scripts
is a trademark of
Dodo Books Indian Ocean Ltd. and OmniScriptum S.R.L publishing group

120 High Road, East Finchley, London, N2 9ED, United Kingdom
Str. Armeneasca 28/1, office 1, Chisinau MD-2012, Republic of Moldova, Europe
Managing Directors: Ieva Konstantinova, Victoria Ursu
info@omniscriptum.com

Printed at: see last page
ISBN: 978-620-3-24012-2

RECONHECIMENTO

Qualquer realização requer o esforço de muitas pessoas e este trabalho não é diferente. E é meu dever primordial reconhecer as pessoas que, direta ou indiretamente, me ajudaram durante a realização do relatório desta dissertação. Assim, aproveito esta oportunidade para agradecer ao meu orientador, **Sr. Shivang S. Jani**, pela sua orientação intelectual ao longo do meu trabalho. Também gostaria de aproveitar esta oportunidade para agradecer sinceramente ao nosso diretor e ao meu co-orientador, o respeitado **Dr. G.D.Acharya**, pela sua valiosa orientação e pelo seu toque de inspiração e motivação ao longo de todo o trabalho do projeto, sem cuja ajuda o trabalho não teria tido a forma que tem. Estou igualmente grato ao Chefe de Departamento, **Dr. Prasad S. Puranik**, que demonstrou grande paciência para lidar comigo e me motivou ao longo de todo o projeto. Estou igualmente grato a todo o pessoal relevante da oficina, da biblioteca e do departamento pela sua cooperação, ajuda e orientação. Agradeço também aos meus colegas de trabalho o seu apoio eminente para que esta dissertação fosse um êxito. Por último, mas não menos importante, agradeço aos meus pais pelo seu inestimável apoio e motivação.

Akash A. Shukla (140030708005)

ÍNDICE DE CONTEÚDOS

RESUMO

A estimativa do tempo de maquinagem desempenha um papel importante no planeamento e programação do processo de fabrico. Os métodos existentes de estimativa do tempo de maquinagem NC baseiam-se todos em taxas de remoção de material, programas NC e caraterísticas da máquina. No entanto, a condição de maquinagem, que está relacionada com a geometria e a informação do processo, é também um fator de impacto importante na estimativa do tempo de maquinagem NC. Uma vez que os métodos existentes não conseguem satisfazer os requisitos de atualidade, precisão e eficiência, este projeto de estudo apresenta um método baseado em caraterísticas para a estimativa do tempo de maquinagem NC. Este método é particularmente útil em sistemas de planeamento e programação de processos de fabrico em tempo real. Foi desenvolvido um protótipo de sistema em Visual Basic e foram incluídos todos os factores, como o comprimento de corte, a velocidade e o avanço. Os resultados obtidos com o protótipo do estimador CAM estão a ser comparados com os resultados experimentais e também com os resultados obtidos com o software NX CAM. O estimador de came desenvolvido no estudo é bastante fácil de utilizar e pode ser usado por qualquer trabalhador leigo.

Palavras chave: Estimativa do tempo de maquinagem NC, caraterísticas, Visual Basic, NX CAM

CAPÍTULO 1

INTRODUÇÃO

1.1 História da empresa

O significado exato do termo maquinagem desenvolveu-se no decurso das últimas centenas e meia de anos, à medida que a inovação avançava. No século XVIII, a palavra engenheiro implicava apenas um homem que fabricava ou reparava máquinas. O trabalho deste indivíduo atual era feito maioritariamente à mão, utilizando procedimentos como, por exemplo, o corte de madeira, a forja manual e a limagem manual do metal. Na altura, os moleiros e os fabricantes de novos tipos de motores (o que significa, praticamente, máquinas de qualquer tipo, por exemplo, James Watt ou John Wilkinson, enquadravam-se na definição. O instrumento máquina e o verbo maquinar (maquinado, maquinação) ainda não existiam.

Por volta de meados do século XIX, as últimas palavras foram instituídas à medida que as ideias que representavam se tornavam amplamente presentes. Assim, na Era da Máquina, a maquinação aludia (ao que hoje podemos chamar) aos procedimentos de maquinação "tradicionais", por exemplo, tornear, furar, fresar, brochar, serrar, moldar, planificar, alargar e roscar. Nestas formas de maquinação "habituais" ou "ordinárias", as máquinas-ferramentas, por exemplo, tornos, fresadoras, prensas de perfuração ou outras, são utilizadas com uma ferramenta de corte afiada para remover material para obter uma geometria necessária.

Desde o aparecimento de novos avanços, por exemplo, a maquinação por descarga eléctrica, a maquinação eletroquímica, a maquinação por feixe de electrões, a maquinação fotoquímica e a maquinação por ultra-sons, o retrónimo "maquinação convencional" pode ser utilizado para separar essas grandes inovações das mais recentes. Na utilização atual, a expressão "maquinagem" sem capacidade, na sua maior parte, infere a maquinagem convencional.

1.2 O que é a maquinagem?

A maquinagem é qualquer um dos diferentes procedimentos em que uma matéria-prima é cortada numa forma e tamanho esperados através de um processo controlado de remoção de material. Os procedimentos que têm este tópico básico, remoção controlada de material, são hoje em dia conhecidos como maquinagem subtractiva, em qualificação dos procedimentos de adição controlada de material, que são conhecidos como fabrico aditivo. O que a parte "controlada" da definição sugere pode mudar, mas muitas vezes implica a utilização de máquinas-ferramentas (sem contar com dispositivos de controlo e instrumentos manuais).

A maquinagem faz parte do fabrico de numerosos artigos metálicos, mas também pode ser utilizada em materiais como, por exemplo, madeira, plástico, argila e compósitos. Um homem que dedica muito tempo à maquinagem é conhecido como maquinista. Uma sala, edifício ou organização onde a maquinagem é efectuada é conhecida como oficina mecânica. A maquinagem pode ser um negócio, um hobby ou ambos. Uma parte considerável da maquinação avançada é feita por Controlo Numérico Computadorizado (CNC), em que os computadores são utilizados para controlar o desenvolvimento e o funcionamento das instalações, máquinas e outras máquinas de corte.

Os três processos de maquinagem essenciais são designados por torneamento, perfuração e fresagem. As diferentes operações que se enquadram em classes aleatórias incluem moldagem, planeamento, perfuração, brocagem e serragem.

As operações de torneamento são operações que giram a peça de trabalho como a estratégia essencial para mover o metal contra o dispositivo de corte. Os tornos são o principal dispositivo de máquina utilizado como parte do torneamento.

As operações **de fresagem** são operações em que a ferramenta de corte gira para transportar arestas de corte para se manterem contra a peça de trabalho. As máquinas de fresar são o dispositivo central da máquina utilizado como parte da fresagem.

As operações **de perfuração** são operações em que os furos são criados ou aperfeiçoados através do contacto de uma fresa com a parte inferior mais afastada da peça de trabalho. As operações de perfuração são efectuadas essencialmente em prensas de perfuração, mas de vez em quando em tornos ou fresas.

As operações aleatórias serão operações que, falando inteiramente, podem não ser operações de máquina, na medida em que podem não ser operações de entrega de limalha, mas sim operações executadas num dispositivo de máquina de moagem. O polimento é um caso de uma operação diferente. O polimento não produz aparas, mas pode ser efectuado num torno, num moinho ou numa prensa de perfuração.

Uma peça de trabalho inacabada que necessite de maquinagem deve ser submetida a uma remoção de material para se obter uma peça completa. Uma peça acabada é uma peça de trabalho que cumpre os requisitos estabelecidos para essa peça de trabalho nos desenhos ou planos de construção. Por exemplo, uma peça de trabalho pode ser obrigada a ter um determinado diâmetro exterior.

A maquinagem obriga à consideração de numerosos elementos subtis para que uma peça de trabalho cumpra os requisitos estabelecidos nos desenhos ou esquemas de engenharia. Para além dos problemas visíveis identificados com as medidas corretas, existe a questão de conseguir o acabamento correto ou a suavidade da superfície da peça de trabalho. O acabamento insuficiente encontrado na superfície maquinada de uma peça de trabalho pode ser provocado por uma fixação incorrecta da ferramenta e da peça de trabalho, por um instrumento cego ou pela apresentação incorrecta de uma ferramenta. De vez em quando, este mau acabamento superficial, conhecido como jabber, é evidente por um acabamento ondulado ou esporádico, e pela presença de ondas nas superfícies maquinadas da peça de trabalho.

A maquinagem é qualquer procedimento em que uma ferramenta de corte é utilizada para expulsar pequenas lascas de material da peça de trabalho (a peça de trabalho é regularmente designada por "trabalho"). Para efetuar a operação, é necessário um movimento relativo entre a ferramenta e a peça. Este movimento relativo é conseguido na maioria das operações de maquinagem através de um movimento primário, chamado "velocidade de corte" e um movimento auxiliar chamado "avanço". A forma da ferramenta e a sua infiltração na superfície de trabalho, juntamente com estes movimentos, criam o estado desejado da superfície de trabalho subsequente.

1.3 O que é a fresagem?

A fresagem é o procedimento de remoção de material através da sustentação de uma peça de trabalho por uma fresa de vários dentes. A atividade de corte dos numerosos dentes em torno da fresa de processamento fornece uma estratégia rápida para a maquinação. A superfície maquinada pode ser plana, angular ou arqueada. A superfície pode igualmente ser processada em qualquer mistura de formas. A máquina que segura a peça de trabalho, gira a fresa e a alimenta é conhecida como fresadora. Neste processamento, um instrumento rotativo com várias arestas é movido gradualmente em relação ao material para criar uma superfície plana ou reta. A trajetória do movimento de alimentação está em ângulo reto com o pivot de rotação da ferramenta. O movimento de velocidade é dado pela fresa giratória. Os tipos básicos de fresagem são:

- Fresagem periférica
- Fresagem de faces.

As operações de maquinagem isolam-se, regra geral, em duas classificações, reconhecidas pelo motivo e pelas condições de corte:

- Cortes de desbaste, e
- Cortes de acabamento

Os cortes de desbaste são utilizados para expulsar uma grande quantidade de material da peça de trabalho inicial tão rapidamente quanto seria prudente, ou seja, com uma grande Taxa de Remoção de Material (MRR), tendo em mente o objetivo final de fornecer uma forma próxima da forma preferida, mas abandonando algum material na peça para uma operação de acabamento subsequente. Os cortes de acabamento são utilizados para terminar a peça e efetuar a última medição, as tolerâncias e o acabamento da superfície. Nas operações de maquinagem em curso, um ou mais cortes de desbaste são normalmente efectuados na peça, seguidos de alguns cortes de acabamento. As operações de desbaste são efectuadas com avanços e profundidades de corte elevadas - avanços de 0,4-1,25 mm/rot (0,0150,050 in/rev) e profundidades de 2,5-20 mm (0,100-0,750 in) são médias, no entanto as qualidades genuínas dependem dos materiais da peça de trabalho. As operações de acabamento são efectuadas com avanços e profundidades de corte baixos - avanços de 0,0125-0,04 mm/rot (0,0005-0,0015 pol./rot) e profundidades de 0,75-2,0 mm (0,030-0,075 pol.) são executados na fresadora. As velocidades de corte são mais baixas nas operações de desbaste do que nas operações de acabamento.

1.4 CLASSIFICAÇÃO DA MOAGEM

Fresagem periférica

Na fresagem periférica (ou em placas), a superfície processada é criada por dentes situados na periferia do corpo da fresa. O cubo da fresa está, na sua maior parte, num plano paralelo à superfície da peça a maquinar.

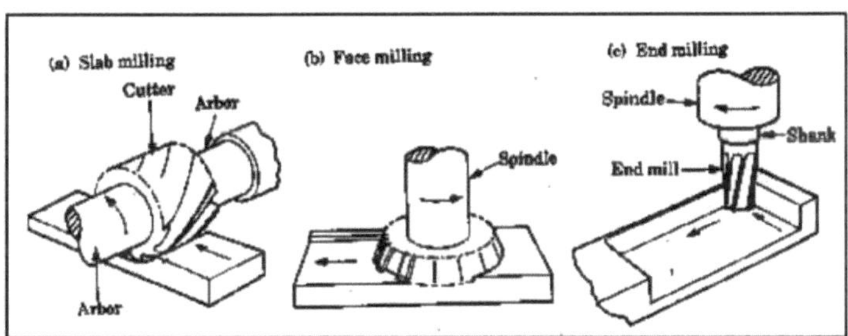

FIGURA 1.1 Tipos de fresagem [a]

Fresagem de faces

Na fresagem frontal, a fresa é montada num eixo com um cubo de articulação em ângulo reto com a superfície da peça de trabalho. A superfície processada resulta da atividade das arestas de corte situadas na periferia e na face da fresa.

Fresagem de topo

A fresa na fresagem de topo gira, em geral, num cubo vertical em relação à peça de trabalho. Pode ser inclinada para maquinar superfícies rebaixadas. Os dentes de corte estão situados tanto na face final da fresa como na periferia do corpo da fresa.

Outras operações de fresagem são mostradas na figura.

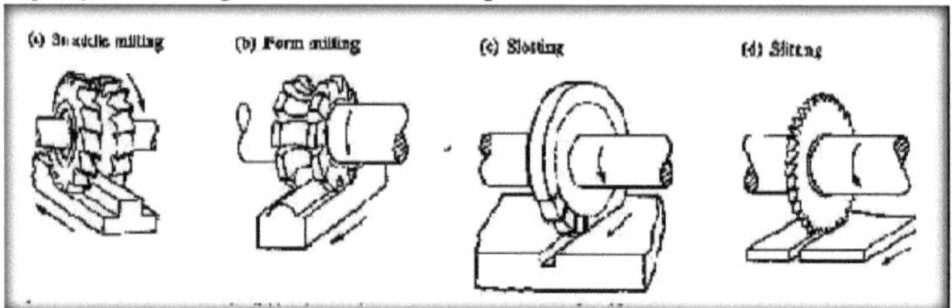

FIGURA 1.2 Tipos de fresagem [b]

1.5 TEMPO DE MAQUINAGEM

O tempo de maquinagem é o tempo em que uma máquina está realmente a preparar algo. De um modo geral, o tempo de maquinagem é o termo utilizado quando há uma diminuição do material ou a expulsão de algumas partes indesejáveis de um material. Por exemplo, numa prensa de perfuração, o tempo de maquinagem é o momento em que a aresta de corte está realmente a avançar e a abrir uma fenda. O tempo de máquina é utilizado em diferentes circunstâncias, por exemplo, quando uma máquina introduz parafusos numa caixa, consequentemente.

Um dos ângulos essenciais no cálculo do tempo de fabrico é a forma de descobrir e calcular o tempo de maquinagem numa operação de maquinagem. De um modo geral, a maquinagem é um grupo de procedimentos ou operações em que o excesso de material é expulso de uma peça de trabalho inicial por uma ferramenta de corte afiada, de modo a que a parte restante tenha a geometria desejada e a forma requerida.

A estimativa do tempo de maquinação NC é importante porque fornece aos engenheiros de produção dados para antecipar com precisão a rentabilidade de uma máquina NC e também o seu plano de produção. Além disso, a medição do tempo de maquinação NC assume um papel vital no fabrico comunitário. É um destaque entre os componentes principais mais vitais ao configurar uma oferta. Ele também pode ser utilizado pelos designers de produtos para melhorar e avançar a configuração de itens e peças, tendo em mente o objetivo final de diminuir o tempo e o custo de fabricação. Para os engenheiros de produção, este é um passo fundamental para um plano de produção ótimo e prático. O tempo de maquinagem pode ser calculado da seguinte forma:

$$\text{Machining Time(T)} = \frac{L}{f \times N}$$

Onde:

Lis a soma da profundidade do furo, da aproximação e do percurso | distâncias

/é o avanço (mm/rev)

$^{\Lambda(r)}$é a velocidade de rotação (rpm)

1.6 CARACTERÍSTICAS DE MAQUINAGEM

As caraterísticas podem ser caracterizadas a partir de várias perspectivas, por exemplo, plano, investigação, montagem e função. Para aplicações de fabrico, as caraterísticas devem ser caracterizadas numa estrutura que apoie a organização e a execução de diferentes tipos de procedimentos de fabrico no item demonstrado.

Uma caraterística de maquinagem é regularmente caracterizada como uma reunião de componentes geométricos relacionados que, em todos, se comparam a uma estratégia ou preparação de fabrico específica ou podem ser utilizados para raciocinar sobre as técnicas ou procedimentos de fabrico apropriados para fazer a geometria. Em aplicações de maquinagem de uma só peça, as caraterísticas normais de fabrico incluem furos, ranhuras e bolsas; em artigos de chapa metálica, padrões, curvas e soldaduras; no planeamento de montagens, juntas mecânicas, por exemplo, rolamentos. Para cada situação, a proximidade de uma caraterística de fabrico num item dá-nos a capacidade de deduzir que tipos de operações de fabrico devem ser realizadas e também determinar a informação necessária para a execução (automatizada ou manual) dessas operações. [13]

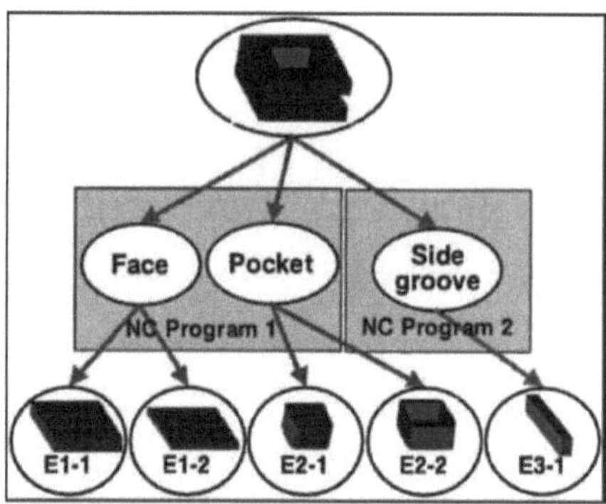

FIGURA 1.3(a) Tipos de caraterísticas [11]

Os sistemas CAD/CAM baseados em caraterísticas têm sido um território de investigação imperativo na última década.

O reconhecimento de caraterísticas tem sido efetivamente utilizado para uma série de utilizações, incluindo a organização de processos, a investigação de planos e a codificação de peças para tecnologia de grupo. Foi coordenado um enorme esforço no sentido de caraterizar conjuntos de elementos de estrutura de acordo com os pré-requisitos de aplicações individuais e de aventurar as qualidades dos sistemas baseados na procura de exemplos ou na aprendizagem utilizados para os recordar.

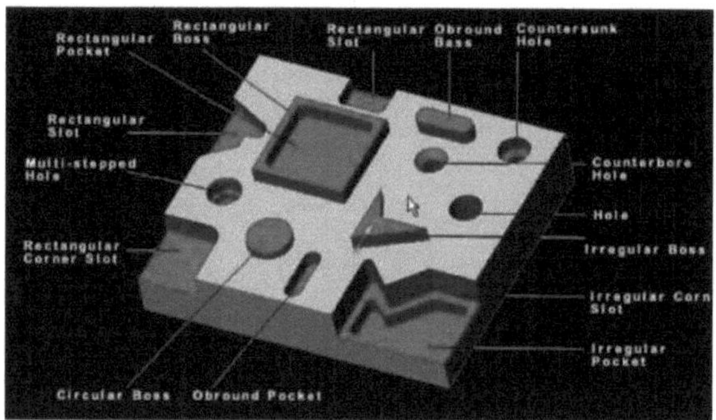

FIGURA 1.3(b) Tipos de caraterísticas [c]

1.7 LINGUAGEM DE PROGRAMAÇÃO

Para desenvolver um programa informático à medida, é necessária uma linguagem de programação que efectue o cálculo dos parâmetros que são introduzidos no programa. Há muitos tipos de linguagens de programação disponíveis no mercado para esse tipo de programação, como C, C++,

Java, Visual Basic, etc. No entanto, a linguagem mais utilizada atualmente é C, C++, mas tem uma limitação de interface com outras bases de dados. Por conseguinte, a linguagem de programação utilizada foi o Visual Basic, que proporciona um melhor enquadramento e também uma melhor interface com outras bases de dados, como o Excel, o Word, o Access, o Notepad, etc., que é o requisito mais importante do nosso software.

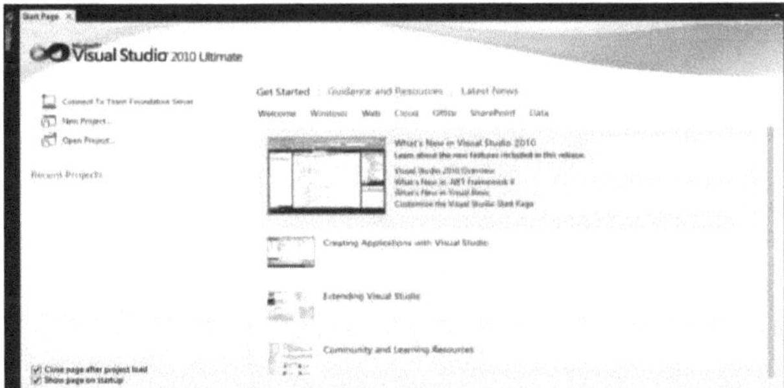

FIGURA 1.4 Visual Studio 2010

CAPÍTULO 2
REVISÃO DA LITERATURA

2.1 <u>REVISÃO DA LITERATURA</u>

N. Sajadfar et. al. [1] desenvolveram um modelo semântico para a estimativa de custos utilizando técnicas baseadas em caraterísticas. A fixação de preços vibrantes e o controlo dos custos de fabrico são os principais requisitos na era recente do fabrico de produtos variáveis. As empresas recentes enfrentam o problema da fixação de preços e da estimativa de custos de forma eficiente e eficaz. O autor desenvolveu um modelo semântico de estimativa de custos que inclui um conceito de caraterística de custo. Este modelo baseia-se em três subtipos: mapeamento de caraterísticas, extração de dados e modelação semântica. O modelo de mapeamento de caraterísticas identifica as caraterísticas de uma peça e as relações topológicas entre elas. O modelo de extração de dados identifica as correlações entre os dados físicos e os dados imateriais, juntamente com os dados de entrada. Por fim, o modelo semântico associa os atributos de custo às caraterísticas de maquinagem.

Yunbo zhou et.al. [2] efectuou um projeto de fixação para a produção de peças estruturais de aeronaves utilizando técnicas baseadas em caraterísticas. Nos métodos anteriores de conceção de dispositivos de fixação, existem vários desafios que causam problemas indesejáveis na indústria devido à conceção, captura e reutilização e à natureza não normalizada da conceção, o que afecta grandemente a eficiência e a qualidade da conceção. Neste artigo, o autor propõe uma metodologia de conceção de dispositivos de fixação baseada em caraterísticas, na qual os casos de conceção anteriores são integrados com caraterísticas. Este método consiste na identificação e reconhecimento de caraterísticas geométricas de peças estruturais de aeronaves com a ajuda de técnicas de FR a partir de modelos de peças tridimensionais. Assim, é possível melhorar a conceção de um novo dispositivo de fixação e foi desenvolvido um sistema protótipo para a conceção de dispositivos de fixação em CATIA, que foi utilizado por um grande fabricante de aviões. Os resultados dos testes mostram que o método proposto garante uma elevada taxa de sucesso e precisão na recuperação de casos.

Vamsi Krishna et. al. [3] desenvolveram um sistema de Planeamento de Processos Assistido por Computador (CAPP) baseado na modelação de caraterísticas para componentes de torneamento. Esta abordagem de modelação baseada em caraterísticas elimina a extração de caraterísticas de componentes já desenhados. O sistema desenvolvido pelo autor considera três módulos: módulo de modelação baseada em caraterísticas, módulo de armazenamento de informação e módulo de geração de planos de processo. Esta abordagem é capaz de desenvolver um plano de processo para o torneamento de componentes com base nas caraterísticas de entrada fornecidas na modelação do AUTOCAD. O sistema desenvolvido é de fácil utilização, flexível e eficiente. A utilização do sistema reduz o tempo de espera e melhora a eficiência dos componentes maquinados. O sistema proposto centra-se apenas em algumas caraterísticas de maquinagem e pode ser alargado a mais algumas caraterísticas para obter um plano de processo completo para qualquer componente em tempo real.

R. Coelho et. al. [4] desenvolveram uma abordagem mecanicista para estimar o tempo real de maquinagem para geometrias de forma livre aplicando taxas de avanço elevadas para máquinas CNC. A maioria dos softwares CAM comerciais estima o tempo de maquinação simplesmente dividindo o comprimento total do percurso da ferramenta pelas velocidades de avanço programadas. Este tempo estimado pelo software CAM é bastante diferente do tempo real do processo, uma vez que a taxa de avanço muda devido às limitações da máquina CNC. O tempo de resposta da máquina (MRT) é um fator que tem em conta a capacidade da máquina CNC para se deslocar com velocidades de avanço elevadas. Este fator é considerado na abordagem mecanicista proposta pelo autor. A abordagem proposta atinge um intervalo de erro de 0,3 a 12%, ao passo que a estimativa de software atingiu um intervalo de erro de 211% a 1244%. Assim, pode concluir-se que o MRT é um fator importante do desempenho da máquina CNC durante a execução da operação de fresagem.

B.S. So et. al. [5] apresentaram um algoritmo para estimar o tempo de maquinagem em cinco eixos tendo em conta as caraterísticas da máquina. Tal como referido na revisão anterior, a estimativa do tempo de maquinagem é muito importante para a produção, o planeamento e a programação de um engenheiro. O tempo de maquinagem depende de um algoritmo simples baseado no comprimento do percurso da ferramenta dividido pelas taxas de avanço de entrada dos dados NC, com alguns factores adicionais que são selecionados a partir da experiência. Para o efeito, foram investigadas algumas das caraterísticas operacionais de uma máquina de cinco eixos. O ângulo de avanço, que é uma variável independente da velocidade de maquinagem, foi incluído no algoritmo. Tendo em conta estes factores, o autor desenvolveu um algoritmo que permite estimar o tempo de forma precisa e eficiente não só na maquinagem de três eixos mas também na maquinagem de cinco eixos.

Asif Iqbal et. al. [6] centraram-se no processo de fresagem em duro nesta investigação. Num domínio de fresagem dura, a principal concentração foi colocada na melhoria da vida útil da ferramenta e no melhoramento do acabamento da superfície. Os objectivos acima referidos de aumentar a vida útil da ferramenta e melhorar o acabamento da superfície foram alcançados utilizando a tecnologia de sistema pericial fuzzy inteligente. Foram analisados vários parâmetros, tais como a dureza da peça, o ângulo de hélice da fresa, a orientação da fresa, a utilização de líquido de refrigeração e o seu impacto na vida da ferramenta e nas forças de corte, tendo sido encontrados os seus efeitos. Os dados experimentais obtidos anteriormente foram convertidos utilizando ANOVA e técnicas numéricas e utilizados para desenvolver uma base de conhecimentos sob a forma de regras IF-THEN. A eficácia do sistema pericial fuzzy desenvolvido baseou-se em dois módulos: módulo de otimização e módulo de previsão. O módulo de otimização considera a solução óptima dos parâmetros e o módulo de previsão prevê as medidas de desempenho da combinação de parâmetros no módulo de otimização.

Eun Young Heo et. al. [7] estimaram o tempo de maquinagem NC para maquinagem de superfícies esculpidas utilizando a distribuição de blocos NC. Na era atual, a estimativa do tempo de maquinação NC é importante para prever de forma eficiente e eficaz a produtividade, bem como o programa de produção da máquina. Diferentes factores, como a posição da ferramenta, o avanço e a taxa de velocidade e outras instruções, são constituídos nos programas NC. Os valores analíticos dos dados de maquinação NC podem ser facilmente obtidos a partir dos programas, mas o tempo real será diferente devido a caraterísticas dinâmicas como o efeito de aceleração e desaceleração. O método proposto para a estimativa do tempo de maquinação considera estas caraterísticas dinâmicas. Os resultados experimentais mostram que a estimativa do tempo de maquinagem NC pode ser de cerca de 10% de erro médio.

Hector siller et. al. [8] estudaram as previsões do tempo de ciclo para operações de fresagem a alta velocidade numa superfície esculpida utilizando taxas de avanço elevadas. O trabalho experimental foi efectuado em superfícies representativas de moldes e matrizes. Os programas CNC destas superfícies foram executados num centro de maquinação HORON KX-10 com controlador Siemens 840 D. Foram encontradas e avaliadas discrepâncias entre as taxas de avanço programadas e reais. Foi desenvolvida uma abordagem mecanicista para a previsão do tempo de ciclo que inclui: a) distribuição de frequência do comprimento do caminho de interpolação linear no programa CNC b) caraterização da máquina-ferramenta para movimentos rápidos e suaves. Foram detectados erros de 300-800 % quando o tempo de ciclo real e o tempo de ciclo ideal foram comparados com as taxas de avanço programadas até 16m/min. A utilização do método proposto reduz o erro de 5-22%.

W.D.Li et.al. [9] Apresentaram um método de reconhecimento de caraterísticas a partir de um modelo de caraterísticas de desenho. A categorização da relação caraterística-caraterística está a ser feita. O processador de reconhecimento de caraterísticas traduz o modelo de caraterísticas de desenho para uma árvore de caraterísticas de fabrico através da categorização de acordo com as suas propriedades e relações entre caraterísticas. As interpretações do modelo de caraterísticas de fabrico são desenvolvidas através de operações de combinação, decomposição e TAD (Tool Approach Diretion) e, posteriormente, é desenvolvida a árvore de caraterísticas de fabrico. Por fim, são utilizados operadores AND/OR para armazenar estas interpretações. Finalmente, a interpretação com o menor custo de maquinagem é selecionada a partir da árvore de caraterísticas de fabrico. O processador proposto considera um processo de reconhecimento dinâmico e eficaz das caraterísticas durante a fase de projeto. O processo não considera apenas as caraterísticas de fabrico, mas inclui também as caraterísticas de replicação, comparação e transição definidas no STEP.

Jami J. Shah et. al. [10] efectuaram um estudo sobre o reconhecimento de caraterísticas geométricas a partir de modelos CAD. Nos últimos 25 anos, foram efectuadas várias investigações sobre técnicas de reconhecimento de caraterísticas. Os autores discutiram métodos baseados em grafos e em dicas, técnicas de deposição de cascos convexos e de decomposição-recomposição de volumes. As técnicas mais recentes também foram referidas e estudadas. As técnicas de FR acima referidas foram comparadas utilizando um quadro de avaliação comparativa. A maioria das técnicas difere no seu reconhecimento específico, mas geralmente utiliza a informação geométrica do limite da peça para identificar as caraterísticas. Os autores concluíram que, apesar de, desde há 25 anos, ter havido um grande desenvolvimento neste domínio, o problema ainda não foi completamente resolvido. As técnicas de FR provam ser o fator mais vital para aplicações relacionadas com a automação e o design. Os problemas com as caraterísticas em interação foram eliminados utilizando abordagens recentes às técnicas de FR.

X. Yan et.al. [11] Apresentou um método para reconhecer caraterísticas de maquinação e as suas topologias a partir de programas NC. A caraterística de maquinação é uma importante representação geométrica do produto e uma macro descrição da geometria do produto. O autor neste trabalho desenvolveu um método para reconhecimento de caraterísticas de maquinação para fresagem em máquina NC através de programas NC por engenharia inversa. O autor explica os conceitos de elemento de máquina, caraterística e topologia de caraterística e classifica as caraterísticas do ponto de vista da maquinação. Agora a partir de programas NC, os algoritmos para reconhecer caraterísticas de maquinação e as suas topologias usando Z-Maps. O autor do também desenvolveu um protótipo para extrair caraterísticas de maquinagem e dados de operação associados e o know-how de maquinagem é gerado. O reconhecimento das caraterísticas e do know-how de maquinação foi verificado com sucesso através da análise de exemplos de programas NC

Peter Leibl et. al. [12] propuseram um novo procedimento para o cálculo de custos em simultâneo com o processo de conceção. Neste método, foram utilizados diferentes módulos, como o cálculo, a comparação e a previsão dos custos. As caraterísticas da forma são identificadas a partir de modelos CAD e armazenadas no plano de produção. O custo será determinado a partir destas caraterísticas de forma. O programa de custos obtém os dados geométricos necessários a partir do programa CAD. O tempo de produção para essa caraterística é então calculado. Agora, a partir dos gastos de tempo e da informação de maquinação, o programa calcula os custos de produção da caraterística em causa. Ao utilizar este método, o projetista pode obter a informação sobre os custos sem qualquer esforço adicional. Este método é universalmente aplicável.

Changqing Liu et. al. [13] desenvolveram um modelo de previsão do tempo de maquinagem NC. Os vários factores, tais como a geometria e o plano do processo, o programa NC e as caraterísticas da máquina. A integração de todos os factores acima referidos é difícil e, por conseguinte, a maioria das ferramentas de software comercial e dos sistemas de investigação existentes não tem totalmente em conta estes factores, pelo que a precisão da previsão do tempo de maquinagem não é exacta. Assim, o autor desenvolve um modelo baseado em caraterísticas para eliminar este problema e obter uma estimativa exacta do tempo. Os resultados das experiências mostram que a abordagem proposta é viável e praticável. A equipa do projeto está a melhorar o modelo proposto e a implementá-lo num sistema fiável para uso industrial.

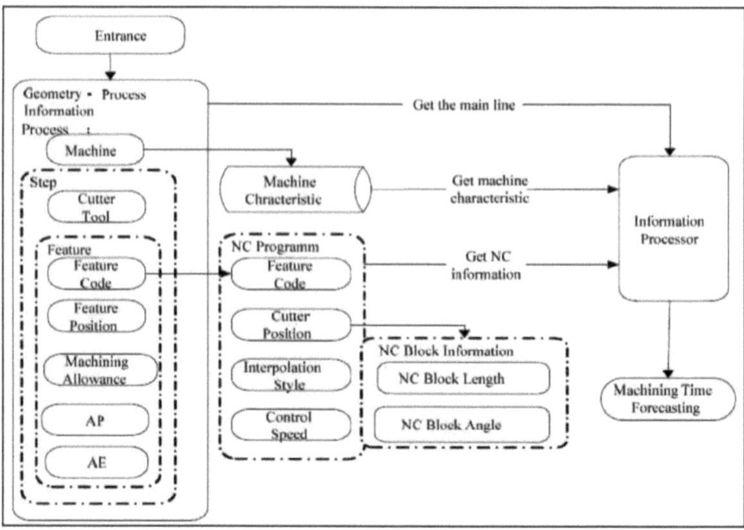

Fig 2.1. Modelo de previsão do tempo de maquinação NC

Hendry Muljadi et. al [14] estudaram o desenvolvimento de uma biblioteca de caraterísticas como um sistema de gestão do conhecimento para o planeamento de processos. As caraterísticas de fabrico podem ser simplesmente definidas como entidades geométricas que também contêm a informação necessária para desenvolver essa forma. Qualquer engenheiro de processos, para desenvolver o plano do processo para qualquer caraterística de fabrico, precisa de ter a informação que também pode ser chamada de sistema de gestão baseado no conhecimento. Neste documento, o autor propõe uma biblioteca de caraterísticas que serve o objetivo acima referido dos engenheiros de processos. A informação disponível nesta biblioteca pode ser de grande ajuda como um sistema baseado no conhecimento para os planeadores de processos. Neste artigo, descreve-se a implementação da Wiki Semântica para o desenvolvimento do protótipo de uma biblioteca de caraterísticas. A biblioteca de caraterísticas consiste numa ontologia de caraterísticas de fabrico e em colecções de sequências de processos, materiais, máquinas, ferramentas, etc. O protótipo de biblioteca de caraterísticas proporciona um ambiente fácil de modificar para gerir o conhecimento dos planeadores de processos com base nas caraterísticas de fabrico.

Y.F. Zhang et. al. [15] desenvolveram um modelo de estimativa de custos baseado em caraterísticas para produtos de embalagem. A estimativa de custos é uma parte vital do ciclo de desenvolvimento do produto. Por exemplo, uma estimativa de custos adequada pode ajudar os projectistas a tomar boas decisões sobre as estruturas do produto, o material e os processos de fabrico. Assim, o autor propôs um modelo de estimativa de custos baseado em caraterísticas, utilizando redes neuronais de retropropagação. Este modelo foi implementado em produtos de embalagem. A correlação entre as caraterísticas relacionadas com os custos e os custos estimados do produto foi obtida através do treino e validação de uma rede neural de retropropagação baseada em 60 produtos existentes com os seus desenhos, roteiros de processo e dados de custos reais. O autor apresentou os resultados dos testes de 20 produtos reais da rede neural treinada. Os resultados mostram que o modelo de rede neural superou os outros dois métodos no que respeita a medidas de desempenho como o desvio relativo médio e o desvio relativo máximo.

I.J.Jadeja et. al. [16] desenvolveram um software baseado em GUI em ambiente VB integrado com o software de modelação CREO. O documento baseia-se nos conceitos de desenho e conceção assistidos por computador e de engenharia simultânea. Com a ajuda deste software baseado em GUI, o desenvolvimento do projeto do produto e a modelação podem ser feitos na mesma estação de trabalho. A validação do protótipo do sistema desenvolvido é efectuada através de um estudo de caso de acoplamento. A modelação e o desenvolvimento do projeto do acoplamento estão a ser feitos no software desenvolvido com base em GUI integrado no CREO. Os resultados indicam que o software é muito útil nas alterações e na edição do desenho e é fiável para utilização na indústria do desenho.

Subsequentemente, pode ser expresso que as estratégias propostas por diferentes autores consideram os três componentes que acompanham a estimativa do tempo de maquinagem: Taxas de remoção de material, programa NC e atributos da máquina. As estratégias actuais propostas acima não conseguem atingir a pontualidade, a precisão e a proficiência da estimativa de tempo.

2.2 OBJECTIVOS DO PRESENTE TRABALHO

O tempo de maquinagem NC é de grande importância para os engenheiros de produção e de planeamento de processos. Trata-se de um fator muito importante e decisivo para uma programação óptima da produção e para prever de forma eficaz e eficiente a produtividade dos sistemas de fabrico. Por conseguinte, a estimativa exacta do tempo de maquinagem é um fator vital e com impacto em qualquer sector de produção a nível mundial no mercado recente.

Os objectivos do presente projeto de estudo são os seguintes

- Melhorar a precisão da estimativa de tempo para a maquinação NC de um componente de engenharia.
- Desenvolver um estimador de cames que possa ser utilizado por qualquer grupo de trabalhadores.
- Efetuar um estudo comparativo entre o software experimental e o sistema protótipo proposto, desenvolvido em Visual Basic.

PROJECT BOUNDARY CONDITION

Fig 2.2 Condição de fronteira do projeto

CAPÍTULO 3
METODOLOGIA

Segue-se a metodologia seguida durante todo o estudo do projeto:

1. Preparar a biblioteca de dados de fabrico em Excel, fornecendo informações sobre a velocidade de corte e o avanço para diferentes tamanhos de fresa e vários materiais.
2. Desenvolver uma estrutura esquemática do sistema proposto em Visual Basic.
3. Integração da biblioteca de dados com a estrutura proposta para o software e efetuar a programação em VB
4. Identificação do produto para o ensaio-piloto.
5. Identificar as caraterísticas que devem ser objeto de atenção durante todo o estudo.
6. Identificar os vários factores que afectam o tempo de maquinagem e incluí-los no sistema proposto.
7. Preparar o modelo baseado em caraterísticas da peça no NX (UniGraphics)
8. Efetuar leituras do software proposto e do software NX cam.
9. Comparar as leituras de ambos os softwares com a leitura experimental.
10. Calcular e validar os resultados

A figura ao lado mostra o fluxograma de todo o trabalho a ser efectuado durante todo o estudo de dissertação.

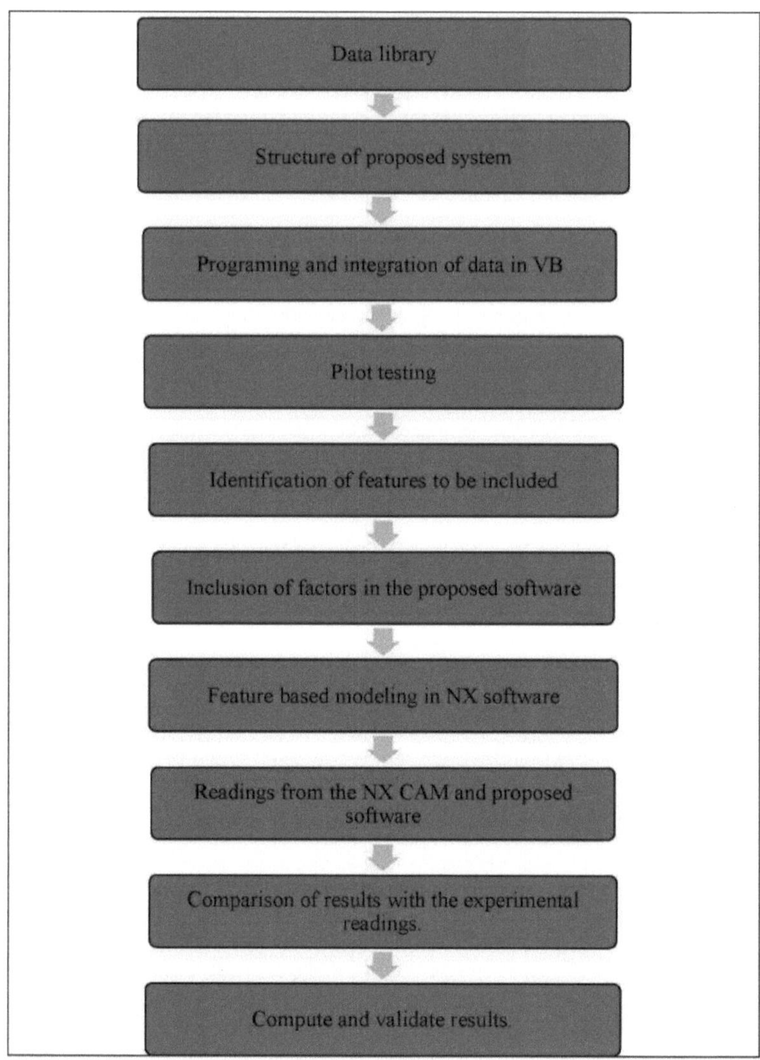

Fig. 3.1 Fluxograma do trabalho proposto

3.1 PREPARAÇÃO DA BIBLIOTECA DE DADOS

Foi preparada uma biblioteca de dados de fabrico constituída por fresas de diferentes diâmetros e correspondentes velocidades e avanços para vários materiais. Os dados para o desenvolvimento da base de dados foram retirados dos livros de dados padrão da autoria de P.S.Gill e P.S.Joshi, bem como de vários dados técnicos disponibilizados pelos fabricantes. Esta biblioteca baseada no conhecimento consiste na gama normalizada de velocidade e avanço para operações de acabamento, desbaste e abertura de ranhuras para diferentes materiais e conjuntos de diâmetros de fresas. As fórmulas utilizadas para vários cálculos relacionados com a biblioteca de dados são as seguintes:

- S.F.M. = 0.262 x D x R.P.M.

- R.P.M. = $\dfrac{3.82 \times S.F.M.}{D}$

- CHIP LOAD = $\dfrac{I.P.M.}{R.P.M. \times F}$ Or $\dfrac{I.P.R.}{F}$

Onde, F = número de caneluras

D = diâmetro da fresa

R.P.M. = rotações por minuto

S.F.M. = pés de superfície por minuto

I.P.M. = velocidade de avanço: polegadas por minuto

I.P.R. = velocidade de avanço: polegadas por rotação

A biblioteca de dados preparada é apresentada de seguida:

MATERIAL	MACHINE STEEL, HARD BRASS AND BRONZE, ELECTROLYTIC COPPER MILD STEEL FORGINGS (20-30 C)					
	FINISHING		ROUGHING		SLOTTING	
	SPEED 60-80 SFM	FEED	SPEED 50-75 SFM	FEED	SPEED 40-75 SFM	FEED
DIA. OF cutter	RPM	CHIP LEAD PER TOOTH	RPM	CHIP LEAD PER TOOTH	RPM	CHIP LEAD PER TOOTH
1/16	3667-4888	.0002 -.0005	3056-4584	.0002 -.0005	2445-4584	.0002-.0004
3/32	2750-3259	.0002 -.0005	2037-3056	.0002 -.0005	1630-3056	.0002-.0004
1/8	1833-2440	.0002 -.001	1528-2292	.0002 -.001	1222-2292	.0003-.0005
3/16	1222-1625	.0002 -.001	1019-1528	.0002 -.001	815-1528	.0005-.0007
¼	917-1222	.0005 -.002	764-1146	.0005 -.002	611-1146	.0007-.0010
5/16	733-978	.0005 -.002	611-917	.0005 -.002	489-917	.0010-.0012
3/8	611-815	.001 -.003	509-764	.001 -.003	407-764	.0012-.0015
7/16	524-698	.001 -.003	437-655	.001 -.003	349-655	.0015-.0018
½	458-611	.001 -.003	382-573	.001 -.003	306-573	.0018-.0020
9/16	412-543	.001 -.004	340-509	.001 -.004	272-509	.0018-.0020
5/8	367-489	.001 -.004	306-458	.001 -.004	244-458	.0020-.0025
11/16	337-444	.001 -.004	278-417	.001 -.004	222-417	.0020-.0025
¾	306-407	.001 -.004	255-382	.001 -.004	204-382	.0025-.0030
13/16	284-379	.002 -.006	235-353	.002 -.006	188-353	.0025-.0030
7/8	262-349	.002 -.006	218-327	.002 -.006	175-327	.0025-.0030
15/16	246-326	.002 -.006	204-306	.002 -.006	163-306	.0025-.0030
1	229-306	.002 -.006	191-287	.002 -.006	153-287	.0030-.0035
1 1/8	204-272	.002 -.006	170-255	.002 -.006	136-255	.0030-.0035
1 ¼	183-244	.003 UP	153-229	.003 UP	122-229	.0035-.0040
1 3/8	167-222	.003 UP	139-208	.003 UP	111-208	.004-.005
1 ½	153-204	.003 UP	127-191	.003 UP	102-191	.005 UP
1 5/8	141-188	.003 UP	118-176	.003 UP	94-176	.005 UP
1 ¾	131-175	.003 UP	109-164	.003 UP	87-164	.005 UP
1 7/8	122-163	.003 UP	102-153	.003 UP	81-153	.005 UP
2	115-153	.003 UP	96-143	.003 UP	76-143	.005 UP
2 1/8	108-144	.003 UP	90-135	.003 UP	72-135	.005 UP
2 ¼	103-136	.003 UP	85-127	.003 UP	68-127	.005 UP
2 3/8	97-128	.003 UP	80-121	.003 UP	64-121	.005 UP
2 ½	92-122	.003 UP	76-115	.003 UP	61-115	.005 UP
2 5/8	88-116	.003 UP	73-109	.003 UP	58-109	.005 UP
2 ¾	83-111	.003 UP	69-104	.003 UP	56-104	.005 UP
2 7/8	80-106	.003 UP	66-100	.003 UP	53-100	.005 UP
3	76-102	.003 UP	64-96	.003 UP	51-96	.005 UP

MATERIAL	CAST IRON, MILD STEEL, HALF-HARD BRASS AND BRONZE					
	FINISHING		ROUGHING		SLOTTING	
	SPEED 80-100 SFM	FEED	SPEED 65-75	FEED	SPEED 40-90 SFM	FEED
DIA. OF cutter	RPM	CHIP LEAD PER TOOTH	RPM	CHIP LEAD PER TOOTH	RPM	CHIP LEAD PER TOOTH
1/16	4888-6111	.0002 - .0005	3973-4584	.0002 - .0005	6112-7640	.0002-.0005
3/32	3259-4073	.0002 - .0005	2649-3056	.0002 - .0005	4075-5093	.0002-.0005
1/8	2440-3056	.0002 - .001	1986-2292	.0002 - .001	3056-3820	.0005-.0007
3/16	1625-2037	.0002 -.001	1324-1528	.0002 -.001	2037-2547	.0007-.0010
¼	1222-1528	.0005 -.002	993-1146	.0005 -.002	1528-1910	.0007-.0010
5/16	978-1222	.0005 - .002	795-917	.0005 - .002	1222-1528	.0010-.0012
3/8	815-1019	.001 -.003	662-764	.001 -.003	1019-1273	.0012-.0015
7/16	698-873	.001 -.003	568-655	.001 -.003	873-1091	.0015-.0018
½	611-764	.001 -.003	497-573	.001 -.003	764-955	.0018-.0020
9/16	543-678	.001 -.004	441-509	.001 -.004	679-849	.0018-.0020
5/8	489-611	.001 -.004	397-458	.001 -.004	611-764	.0020-.0025
11/16	444-555	.001 -.004	361-417	.001 -.004	556-695	.0025-.0030
¾	407-509	.002 -.006	331-382	.002 -.006	509-637	.0030-.0040
15/16	379-469	.002 -.006	306-333	.002 -.006	470-588	.0030-.0040
7/8	349-436	.002 -.006	284-327	.002 -.006	437-546	.0030-.0040
15/16	326-407	.002 -.006	265-306	.002 -.006	407-509	.0030-.0040
1	306-382	.002 -.006	248-287	.002 -.006	382-478	.0040-.0045
1 1/8	272-340	.003 UP	221-255	.003 UP	340-424	.0040-.0045
1 ¼	244-306	.003 UP	199-229	.003 UP	306-382	.0040-.0045
1 3/8	222-278	.003 UP	181-208	.003 UP	278-347	.0045-.0050
1 ½	204-255	.003 UP	166-191	.003 UP	255-318	.0045-.0050
1 5/8	188-235	.003 UP	153-176	.003 UP	235-294	.005 UP
1 ¾	175-218	.003 UP	142-164	.003 UP	218-273	.005 UP
1 7/8	163-204	.003 UP	132-153	.003 UP	204-255	.005 UP
2	153-191	.003 UP	124-143	.003 UP	191-239	.005 UP
2 1/8	144-179	.003 UP	117-135	.003 UP	180-225	.005 UP
2 ¼	136-170	.003 UP	110-127	.003 UP	170-212	.005 UP
2 3/8	128-161	.003 UP	105-121	.003 UP	161-201	.005 UP
2 ½	122-153	.003 UP	99-115	.003 UP	153-191	.005 UP
2 5/8	116-145	.003 UP	95-109	.003 UP	146-182	.005 UP
2 ¾	111-139	.003 UP	90-104	.003 UP	139-174	.005 UP
2 7/8	106-132	.003 UP	86-100	.003 UP	133-166	.005 UP
3	102-127	.003 UP	83-96	.003 UP	127-159	.005 UP

MATERIAL	BRASS, BRONZE, ALLOYED ALUMINUM, ABRASIVE PLASTICS					
	FINISHING		ROUGHING		SLOTTING	
	SPEED 100-200 SFM	FEED	SPEED 75-95 SFM	FEED	SPEED 50-100 SFM	FEED
DIA. OF cutter	RPM	CHIP LEAD PER TOOTH	RPM	CHIP LEAD PER TOOTH	RPM	CHIP LEAD PER TOOTH
1/16	6111-12222	.0002 -.0005	4584-5806	.0002 -.0005	6112-7640	.001-.002
3/32	4073-8146	.0002 -.0005	3056-3871	.0002 -.0005	4075-5093	.001-.002
1/8	3056-6112	.0002 -.001	2292-2903	.0002 -.001	3056-3820	.001-.002
3/16	2037-4074	.0002 -.002	1528-1935	.0002 -.002	2037-2547	.001-.002
¼	1528-3056	.0005 -.002	1146-1452	.0005 -.002	1528-1910	.001-.002
5/16	1222-2444	.0005 -.003	917-1161	.0005 -.003	1222-1528	.002-.0025
3/8	1019-2038	.0005 -.003	764-968	.0005 -.003	1019-1273	.0025-.003
7/16	873-1746	.0005 -.004	655-829	.0005 -.004	873-1091	.003-.0035
½	764-1528	.0005 -.005	573-726	.0005 -.005	764-955	.0035-.004
9/16	678-1356	.0005 -.004	509-645	.0005 -.004	679-849	.0035-.004
5/8	611-1222	.0005 -.005	458-581	.0005 -.005	611-764	.004-.0045
11/16	555-1110	.0005 -.006	417-528	.0005 -.006	556-695	.0045-.005
¾	509-1018	.001 -.006	382-484	.001 -.006	509-637	.005-.0055
13/16	469-938	.001 -.007	353-447	.001 -.007	470-588	.0055-.006
7/8	436-872	.001 -.008	327-415	.001 -.008	437-546	.0055-.006
15/16	407-814	.001 -.009	306-387	.001 -.009	407-509	.0055-.006
1	382-764	.002 UP	287-363	.002 UP	382-478	.006-.007
1 1/8	340-680	.002 UP	255-323	.002 UP	340-424	.007 UP
1 ¼	306-612	.002 UP	229-290	.002 UP	306-382	.007 UP
1 3/8	278-556	.002 UP	208-264	.002 UP	278-347	.007 UP
1 ½	255-510	.003 UP	191-242	.003 UP	255-318	.007 UP
1 5/8	235-470	.003 UP	176-223	.003 UP	235-294	.007 UP
1 ¾	218-436	.003 UP	164-207	.003 UP	218-273	.007 UP
1 7/8	204-408	.003 UP	153-194	.003 UP	204-255	.007 UP
2	191-382	.003 UP	143-181	.003 UP	191-239	.007 UP
2 1/8	179-358	.003 UP	135-171	.003 UP	180-225	.007 UP
2 ¼	170-340	.003 UP	127-161	.003 UP	170-212	.007 UP
2 3/8	161-322	.003 UP	121-153	.003 UP	161-201	.007 UP
2 ½	153-306	.003 UP	115-145	.003 UP	153-191	.007 UP
2 5/8	145-290	.003 UP	109-138	.003 UP	146-182	.007 UP
2 ¾	139-278	.003 UP	104-132	.003 UP	139-174	.007 UP
2 7/8	132-264	.003 UP	100-126	.003 UP	133-166	.007 UP
3	127-154	.003 UP	96-121	.003 UP	127-159	.007 UP

MATERIAL	ALUMINUM, PLASTICS, WOOD					
	FINISHING		ROUGHING		SLOTTING	
	SPEED 200-600 SFM	FEED	SPEED 125-250 SFM	FEED	SPEED 100-125 SFM	FEED
DIA. OF	0	CHIP LEAD	0	CHIP LEAD	0	CHIP LEAD
cutter	RPM	PER TOOTH	RPM	PER TOOTH	RPM	PER TOOTH
1/16	12222 UP	.0002 - .0005	7640-15280	.0002 - .0005	6112-7640	.001-.002
3/32	8146 UP	.0002 - .0005	5093-10187	.0002 - .0005	4075-5093	.001-.002
1/8	6112 UP	.0002 - .001	3820-7640	.0002 -.001	3056-3820	.001-.002
3/16	4074-12222	.0002 - .001	2547-5093	.0002 - .001	2037-2547	.001-.002
¼	3056-9168	.0005 -.002	1910-3820	.0005 - .002	1528-1910	.001-.002
5/16	2444-7332	.0005 -.002	1528-3056	.0005 -.002	1222-1528	.002-.0025
3/8	2038-6114	.0005 -.002	1273-2547	.0005 -.002	1019-1273	.0025-.003
7/16	1746-5238	.0005 -.002	1091-2183	.0005 -.002	873-1091	.003-.0035
½	1528-4584	.0005 -.002	955-1910	.0005 -.002	764-955	.0035-.004
9/16	1356-4071	.0005 -.003	849-1698	.0005 -.003	679-849	.0035-.004
5/8	1222-3666	.0005 -.003	764-1528	.0005 - .003	611-764	.004-.0045
11/16	1110-3330	.0005 -.003	695-1389	.0005 -.003	556-695	.0045-.005
¾	1018-3054	.001 -.004	637-1273	.001 -.004	509-637	.005-.0055
13/16	938-2814	.001 -.004	588-1175	.001 -.004	470-588	.0055-.006
7/8	872-2616	.001 -.004	546-1091	.001 - .004	437-546	.0055-.006
15/16	514-2442	.001 -.004	509-1019	.001 -.004	407-509	.0055-.006
1	764-2292	.002 UP	478-955	.002 UP	382-478	.006-.007
1 1/8	680-2040	.002 UP	424-849	.002 UP	340-424	.007 UP
1 ¼	612-1836	.002 UP	382-764	.002 UP	306-382	.007 UP
1 3/8	556-1668	.002 UP	347-695	.002 UP	278-347	.007 UP
1 ½	510-1530	.002 UP	318-637	.002 UP	255-318	.007 UP
1 5/8	470-1410	.002 UP	294-588	.002 UP	235-294	.007 UP
1 ¾	436-1308	.002 UP	273-546	.002 UP	218-273	.007 UP
1 7/8	408-1224	.003 UP	255-509	.003 UP	204-255	.007 UP
2	382-1146	.003 UP	239-478	.003 UP	191-239	.007 UP
2 1/8	358-1074	.003 UP	225-449	.003 UP	180-225	.007 UP
2 ¼	340-1020	.003 UP	212-424	.003 UP	170-212	.007 UP
2 3/8	322-966	.003 UP	201-402	.003 UP	161-201	.007 UP
2 ½	306-918	.003 UP	191-382	.003 UP	153-191	.007 UP
2 5/8	290-870	.003 UP	182-364	.003 UP	146-182	.007 UP
2 ¾	278-834	.003 UP	174-347	.003 UP	139-174	.007 UP
2 7/8	264-792	.003 UP	166-332	.003 UP	133-166	.007 UP
3	254-762	.003 UP	139-318	.003 UP	127-159	.007 UP

Quadro 3.1 Base de dados desenvolvida em Excel

[NOTA: Todos os dados de velocidade e avanço aqui fornecidos são pontos de partida sugeridos. Podem ser aumentados ou diminuídos consoante o estado da máquina, a profundidade de corte, o acabamento necessário, o líquido de refrigeração necessário].

3.2 ESTRUTURA DO SISTEMA PROPOSTO

A estrutura do sistema proposto foi preparada no Visual Basic Studio. A estrutura desenvolvida para este estudo de projeto é a seguinte

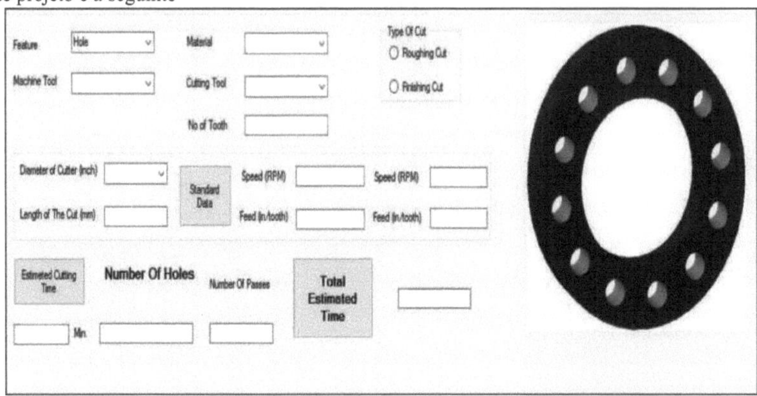

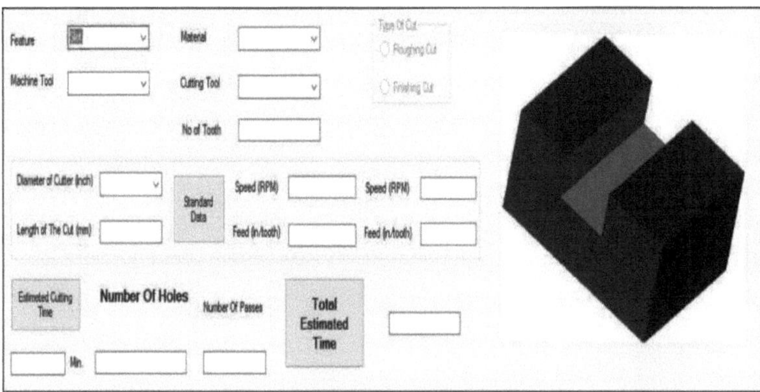

Fig. 3.2 Estrutura proposta preparada em VB Studio

3.3 NX MANUFACTURING - ESTIMATIVA DE TEMPO

O NX, anteriormente conhecido como NX UniGraphics ou, normalmente, apenas UG, é um pacote de software CAD/CAM/CAE avançado e topo de gama, originalmente desenvolvido pela UniGraphics, mas desde 2007 pela Siemens PLM Software. É utilizado, entre outras tarefas, para:

- Conceção (modelação paramétrica e direta de sólidos/superfícies)
- Análise de engenharia (estática, dinâmica, electromagnética, térmica, pelo método dos elementos finitos, e de fluidos pelo método dos volumes finitos).
- Fabrico do projeto acabado utilizando os módulos de maquinagem incluídos [d].

O software **NX CAM** oferece um sistema completo e comprovado para a programação de máquinas-ferramenta. O NX CAM aplica tecnologia de ponta e métodos de maquinação avançados para maximizar a eficiência dos engenheiros de fabrico e programadores NC. Como um conjunto único de soluções para a engenharia de fabrico, o NX oferece opções para a programação CAD, CAM e CMM, bem como para a conceção de ferramentas - tudo num único sistema [e]. Neste projeto, o software de fabrico NX foi utilizado para estimar o tempo de maquinação de caraterísticas específicas utilizadas no produto em estudo. Para utilizar o fabrico baseado em caraterísticas do NX, é necessário utilizar a modelação baseada em caraterísticas. O procedimento passo a passo para estimar o tempo utilizando o NX Manufacturing é o seguinte

1. O primeiro passo é a preparação de um modelo baseado em caraterísticas da peça cujo tempo deve ser estimado.

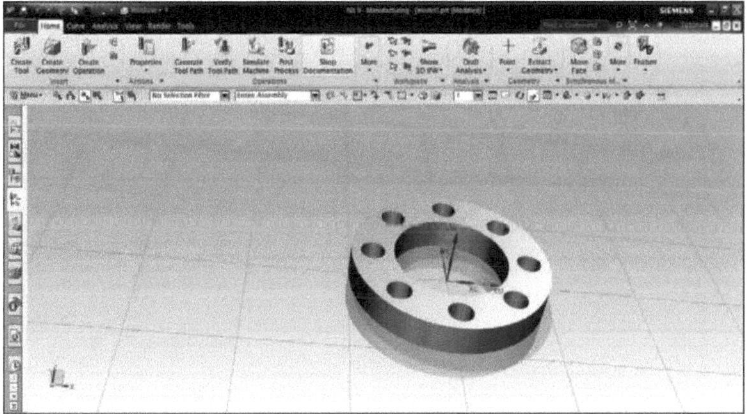

Fig. 3.3 Preparação de um modelo de produto baseado em caraterísticas no NX

2. No passo seguinte, o software identifica automaticamente as caraterísticas utilizadas na preparação do modelo e o material da peça de trabalho é selecionado.

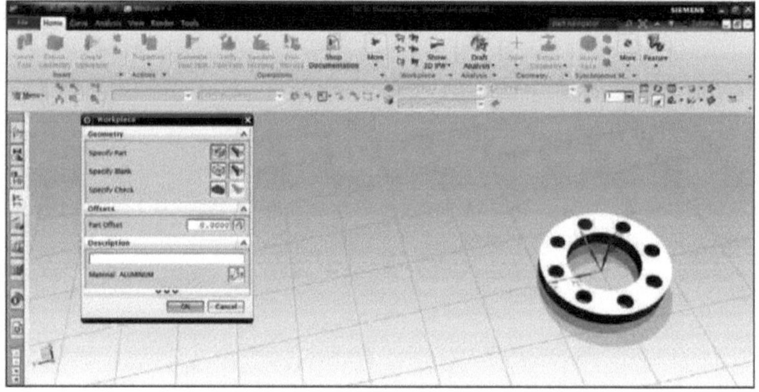

Fig. 3.4 Seleção dos materiais da peça de trabalho

3. O passo seguinte é a seleção dos parâmetros da ferramenta de corte, tais como o diâmetro da fresa, o flanco, o raio da ferramenta, o número de canais, etc.

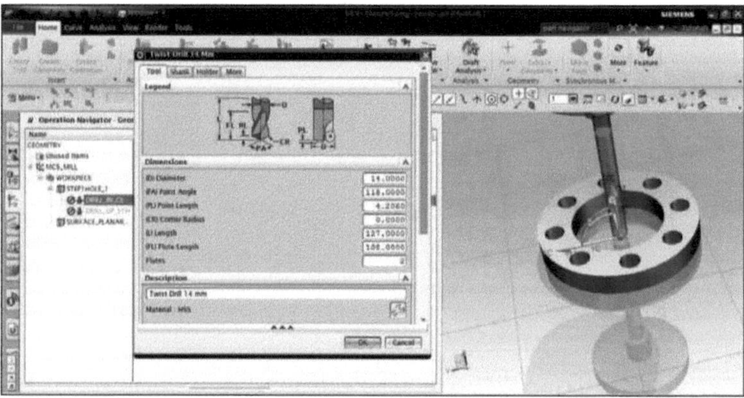

Fig. 3.5 Seleção dos parâmetros da ferramenta de corte

4. O próximo passo será a seleção dos dados de maquinação, ou seja, os valores específicos de velocidade e avanço para a ferramenta de corte e o material da peça.

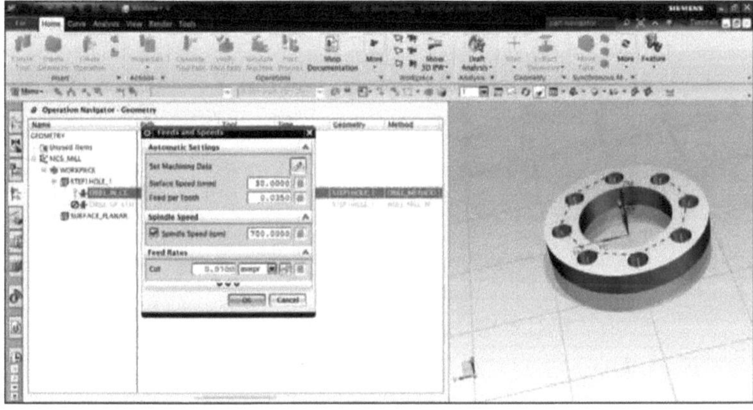

Fig. 3.6 Seleção da velocidade de corte e do avanço

4. A última etapa será a secção de pós-processamento.

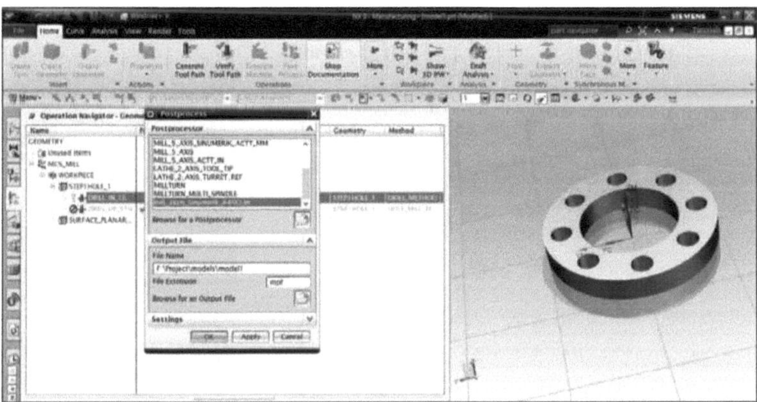

Fig. 3.7 Pós-processamento no NX CAM

6. O resultado final do tempo estimado estará então disponível da seguinte forma:

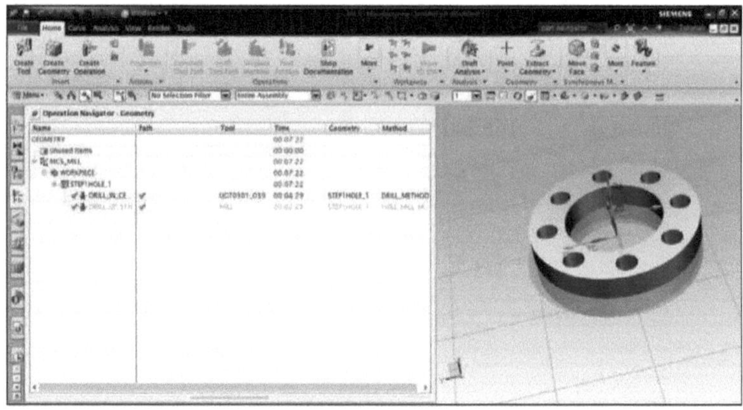

Fig. 3.8 Resultado final obtido no software NX CAM

3.4 ESTIMADOR DE CAMES - ESTIMATIVA DE TEMPO

O sistema proposto foi desenvolvido no ambiente Visual Basic Studio. Algumas das caraterísticas que afectam o tempo de maquinagem foram incluídas na parte da frente do ambiente VB, tal como a estrutura apresentada na figura 4.3 acima. O CAMESTIMATOR proposto tem uma biblioteca de dados que consiste em gamas de velocidade e de avanço normalizadas para os materiais, o diâmetro da fresa e o tipo de corte, que actua como back end do sistema. Como o sistema é baseado em caraterísticas, foram incluídas duas caraterísticas no sistema proposto.

Para calcular o tempo estimado no sistema proposto (CAM Estimator), desenvolvido em VB studio, devem ser seguidos os seguintes passos

1. O primeiro passo é a seleção do tipo de caraterística para a qual o tempo deve ser estimado. O sistema desenvolvido tem duas disposições para a seleção de caraterísticas: Furo e Ranhura

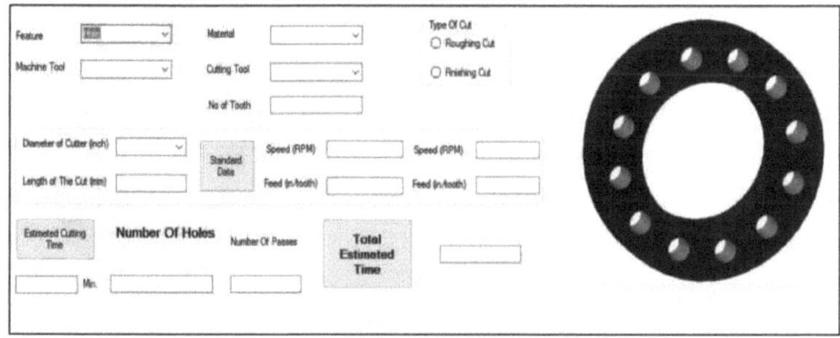

Fig. 3.9 Seleção da caraterística no Estimador CAM

2. O passo seguinte consiste em selecionar o tipo de material da peça a trabalhar. O sistema proposto tem a sua própria lista de materiais a partir da qual o utilizador pode selecionar o seu material.

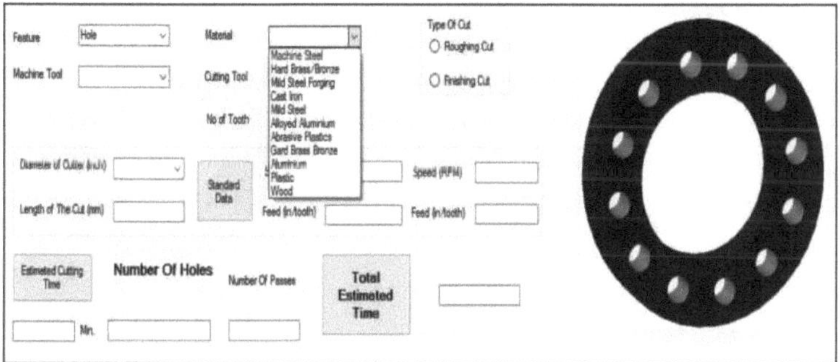

Fig. 3.10 Seleção do material da peça de trabalho no Estimador CAM

3. O passo seguinte será a seleção da máquina-ferramenta e do tipo de ferramenta de corte. Para a máquina-ferramenta, o utilizador tem duas opções: VMC e HMC. Para a seleção da ferramenta de corte, o utilizador tem apenas uma opção, ou seja, a fresa de topo HSS.

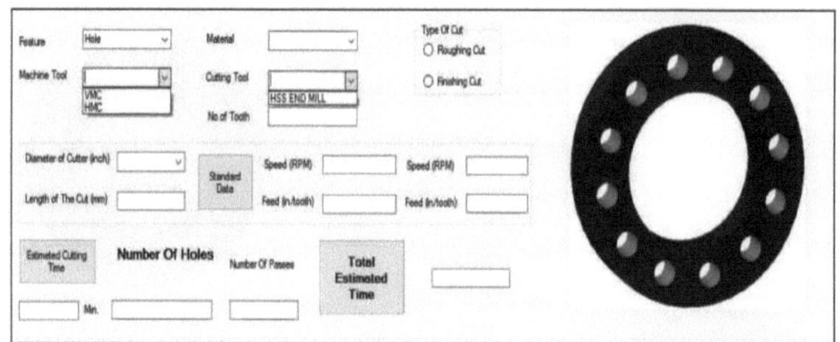

Fig. 3.11 Seleção da máquina-ferramenta e da ferramenta de corte no Estimador CAM

4. O número de canais / dentes da fresa tem de ser introduzido manualmente. O tipo de corte a ser efectuado pode ser selecionado como se mostra abaixo. O comprimento do corte também deve ser introduzido manualmente pelo utilizador. O diâmetro da fresa deve ser selecionado a partir da lista de diâmetros padrão disponíveis no sistema.

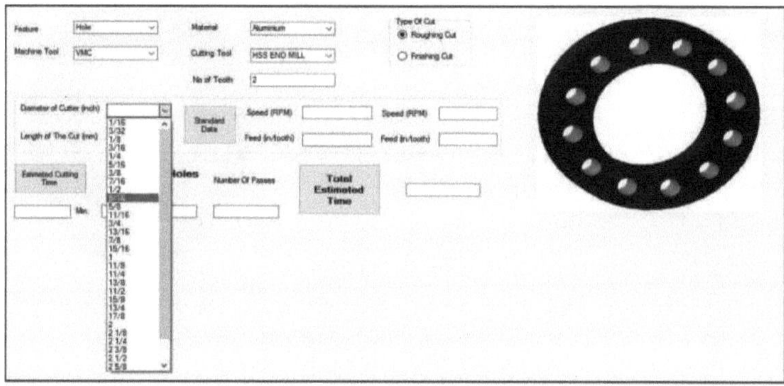

Fig. 3.12 Seleção do diâmetro da fresa no CAM Estimator

5. O passo seguinte será a obtenção dos dados normalizados dos valores da velocidade e do avanço a partir da biblioteca de dados que funciona como back end do sistema. Foi prevista outra opção de introdução manual dos valores da velocidade e do avanço, em que o utilizador pode introduzir manualmente os dados que pretende utilizar.

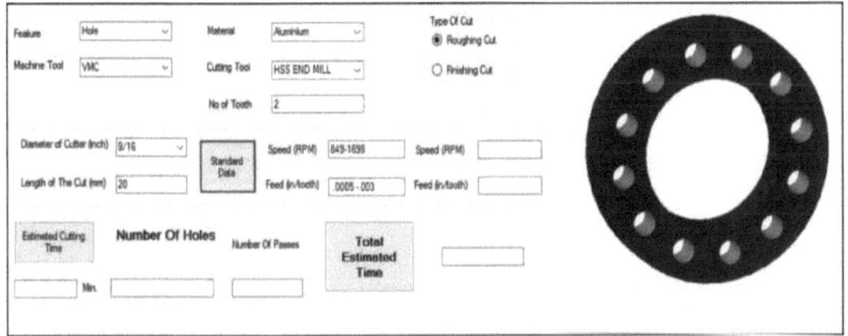

Fig. 3.13 Obtenção da velocidade padrão e da gama de avanço no Estimador CAM

6. Agora, o utilizador terá de introduzir manualmente os valores do número de furos para a caraterística de furo e o valor do número de passagens em que pretende concluir a maquinação.

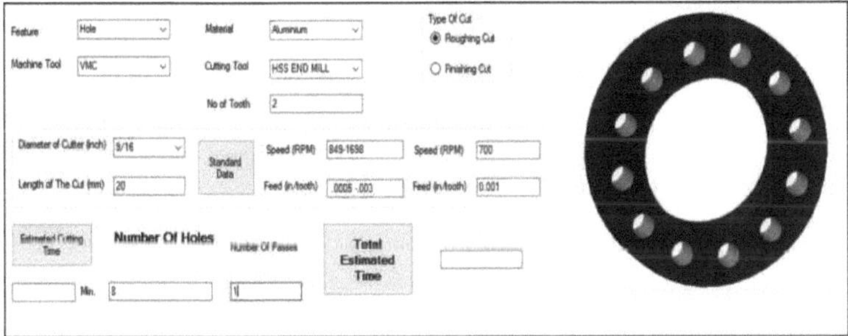

Fig. 3.14 Introduzir o valor do número de furos e do número de passagens

7. Agora, ao clicar no botão TEMPO PREVISTO, o utilizador obtém o tempo previsto para uma única caraterística e, ao clicar no botão TEMPO TOTAL PREVISTO, o utilizador obtém o tempo total previsto para uma série de caraterísticas.

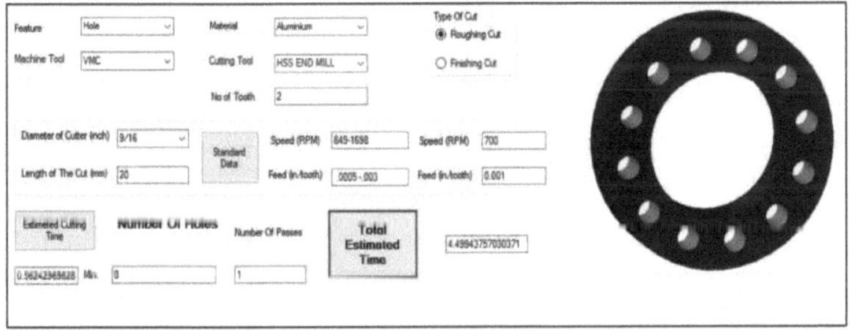

Fig. 3.15 Resultado final obtido no Estimador CAM

3.4.1 LIMITAÇÕES DO ESTIMADOR DE CAME

O protótipo proposto do Estimador de Cames desenvolvido em ambiente Visual Basic tem as suas próprias vantagens e desvantagens, tal como todos os outros sistemas desenvolvidos. As vantagens são bastante claras, mas algumas das limitações são as seguintes

- O Estimador CAM desenvolvido tem apenas duas caraterísticas incluídas e, por isso, só pode dar resultados para caraterísticas de furos e ranhuras.

- O sistema estima o tempo apenas para o processo de maquinação real, não considera o tempo de preparação da máquina, o tempo de troca de ferramentas e outros tempos sem valor acrescentado.

- O sistema proposto não prevê o movimento de deslocação rápida da ferramenta de corte entre as duas operações de maquinagem.

- Os resultados obtidos até agora indicam que o Estimador CAM fornece resultados mais exactos para valores de velocidade e de avanço elevados. As hipóteses de obter erros são maiores em operações de baixa velocidade e taxas de avanço.

- O sistema considera o impacto dos valores de velocidade e de avanço no tempo de maquinagem, mas não considera o impacto da profundidade de corte.

- O sistema também não considera o fator de interpolação da trajetória da ferramenta e o seu impacto no tempo de maquinagem.

3.5 TRABALHO EXPERIMENTAL PARA O FURO

Os resultados do sistema proposto e os resultados do NX Manufacturing foram validados através da realização do trabalho experimental para as mesmas condições. A indústria TOP ENGINEERS PVT. LTD., onde se concentram basicamente em trabalhos de trabalho/maquinação em máquinas CNC, foi visitada e as minhas experiências foram realizadas. O produto selecionado é o impulsor da bomba, como mostra a figura abaixo, e o meu trabalho baseou-se nos orifícios maquinados na periferia interior do impulsor.

Fig. 3.16 Produto de teste - Impulsor

3.5.1 ESPECIFICAÇÕES DA PEÇA DE TRABALHO

As especificações do impulsor são as seguintes:

- **Material** : Alumínio
- **Diâmetro do furo**: 17 mm
- **Profundidade do furo**: 20 mm
- **N.º de orifícios** : 8

3.5.2 ESPECIFICAÇÕES DA OBRA

A máquina CNC em que o trabalho experimental é efectuado é a **VMC 1050** da **JYOTI.** A figura ao lado mostra a imagem da máquina.

Fig. 3.17 Máquina VMC 1050 fabricada pela JYOTI

As especificações do JYOTI VMC 1050 acima indicado são as seguintes

1. <u>Tabela</u>

Tamanho da mesa = 1200 x 530 mm

Dimensão da ranhura em T = 4 x 18 x 100 mm

Distância do chão à mesa = 880 mm

Carga máxima. Carga sobre a mesa = 800 kgf

2. <u>Capacidade</u>

Curso do eixo X =1020 mm

Curso do eixo Y =510 mm

Curso do eixo Z =510 mm

Dist. da face do fuso ao tampo da mesa = 150-660 mm

3. <u>Eixo principal</u>

Velocidade do fuso = 0 - 8000 rpm

Potência do fuso = 10,5 kw / 13 kW (Con./30min.)

Furo do rolamento dianteiro = 70 mm

Ponta do fuso = BT-40

4. <u>Precisão (de acordo com VDI/DGQ 3441)</u>

Incerteza de posicionamento = 0,010 mm

5. <u>Alimentação</u>

Deslocação rápida (X, Y e Z) = 24 m/min

Avanço de corte = 10 m/min

6. <u>Trocador automático de ferramentas</u>

Número de ferramentas = 20

Diâmetro da ferramenta. Máx. = 80 mm

Peso da ferramenta Máx. = 7 kg

Comprimento máx. da ferramenta = 250 mm

7. <u>Outros dados</u>

Peso (aprox.) = 6700 Kg

Dimensão (aprox.) (CxLxA) = 2600 x 2500 x 2900 mm

3.5.3 TRABALHO EFECTUADO

A maquinagem real dos furos em três matérias-primas foi realizada utilizando diferentes conjuntos de velocidade de corte e avanço e diferentes diâmetros de fresa e o tempo de ciclo do processo de maquinagem é registado a partir do controlador da máquina VMC 1050 (fabricado pela JYOTI). A figura ao lado mostra a imagem da peça maquinada, tendo sido maquinadas três peças deste tipo.

Fig. 3.18 Peça maquinada de alumínio

A figura da configuração da máquina e do funcionamento em tempo real é a seguinte:

Fig. 3.19 Configuração para maquinação de furos em VMC

Fig. 3.20 Maquinação em tempo real

3.6 TRABALHO EXPERIMENTAL PARA A RANHURA

Tal como referido no capítulo anterior, a parte experimental de todo o projeto foi realizada na TOP ENGINEERS PVT. LTD. O trabalho experimental, ou seja, a maquinagem real para a validação do tempo de maquinagem estimado para a caraterística de ranhura no sistema proposto, foi realizado na mesma indústria. O produto selecionado é a porca em T, como mostra a figura abaixo:

FIG 3.21 Produto de teste - porca em T

Uma porca em T, porca em T ou porca em T (também designada por porca deficiente visual, que pode, no entanto, aludir adicionalmente a uma porca de rebite) é um tipo de porca utilizada para fixar uma peça de madeira, elemento ou materiais compósitos, deixando uma superfície nivelada. Tem um corpo longo e fino e um rebordo num dos lados, com o aspeto de um T de perfil.

3.6.1 ESPECIFICAÇÕES DA PEÇA DE TRABALHO

As especificações da porca em T são as seguintes:

- **Material** : Aço macio
- **Largura da ranhura**: 7,5 mm
- **Profundidade da ranhura**: 21 mm
- **Comprimento da ranhura**: 50 mm
- **N.º de slots** : 2

3.6.2 TRABALHO EFECTUADO

A maquinagem real dos furos em três matérias-primas foi realizada utilizando diferentes conjuntos de velocidade de corte e avanço e o tempo de ciclo do processo de maquinagem é registado a partir do controlador da máquina VMC 1050 (fabricada pela JYOTI). A figura ao lado mostra a imagem da peça maquinada (T- Nut), tendo sido maquinadas três peças deste tipo.

Fig. 3.22 Peça maquinada (porca em T) de aço macio

A figura ao lado mostra a configuração de trabalho atual para a maquinagem da porca em T na VMC.

Fig 3.23 Configuração para maquinagem de ranhuras na VMC

A máquina utilizada é a mesma que foi utilizada na maquinação experimental do furo, ou seja, a VMC 1050 (fabricada pela JYOTI).

CAPÍTULO 4
RESULTADOS E DEBATES

A maquinagem real dos furos e das ranhuras foi efectuada e os seus resultados foram comparados com os resultados do sistema desenvolvido e do NX CAM, que foram discutidos a seguir:

4.1 RESULTADOS E DISCUSSÃO DA CARACTERÍSTICA DO FURO

O trabalho experimental de maquinação de furos foi efectuado na peça de trabalho em alumínio. A máquina utilizada é o Centro de Maquinação Vertical (VMC) 1050 (fabricado pela JYOTI). Foram maquinados 8 furos na periferia da peça de trabalho com um diâmetro de círculo de Pitch de 101 mm. Antes do trabalho experimental, foram feitas as seguintes suposições:

1. O tempo de preparação da máquina e da peça de trabalho não é considerado no tempo do ciclo de maquinagem.
2. Durante a maquinagem, o valor da profundidade de corte é mantido constante em 0,3 mm
3. O líquido de arrefecimento utilizado no processo de maquinagem é o óleo sintético.
4. Para comparar os resultados do NX CAM e do CAM ESTIMATOR proposto, são considerados os mosmos faotores om ambos os sistemas
5. O material utilizado para a ferramenta de corte é o aço de alta velocidade.

A maquinagem de 8 furos foi efectuada em três peças de trabalho utilizando diferentes conjuntos de velocidade e avanço, empregando cortes de desbaste e acabamento para completar o processo de maquinagem. Também são utilizados diferentes diâmetros de fresas para o desbaste das três peças de trabalho.

A tabela que mostra os resultados do atual, do NX CAM e do Estimador CAM proposto para as três peças de trabalho, utilizando diferentes parâmetros de corte para o desbaste e o corte de acabamento, é apresentada da seguinte forma:

Peça de trabalho - 1

Type of cut	Diameter of cutter	Speed (RPM)	Feed (mm/min)	Actual Time (min)	NX CAM Time (min)	CAM Estimator Time (min)	Error between Actual and NX time (%)	Error between Actual and CAM Estimator time (%)	Error between NX and CAM Estimator time (%)
Rough	9/16"	750	60	3.55	3.45	3.38	4.25	7.23	3.11
Finish	1/2"	3000	100	2.17	2.10	2.05	5.11	8.76	3.85

Quadro 4.1 Quadro de resultados da peça de trabalho - 1

Peça de trabalho - 2:

Type of cut	Diameter of cutter	Speed (RPM)	Feed (mm/min)	Actual Time (min)	NX CAM Time (min)	CAM Estimator Time (min)	Error between Actual and NX time (%)	Error between Actual and CAM Estimator time (%)	Error between NX and CAM Estimator time (%)
Rough	5/8"	700	65	3.42	3.30	3.22	5.4	9.00	3.81
Finish	1/2"	3000	100	2.17	2.10	2.05	5.11	8.76	3.85

Tabela 4.2 Tabela de resultados para a peça de trabalho - 2

Peça de trabalho - 3:

Type of cut	Diameter of cutter	Speed (RPM)	Feed (mm/min)	Actual Time (min)	NX CAM Time (min)	CAM Estimator Time (min)	Error between Actual and NX time (%)	Error between Actual and CAM Estimator time (%)	Error between NX and CAM Estimator time (%)
Rough	1/2"	850	75	3.07	2.59	2.50	4.27	9.09	4.02
Finish	1/2"	3000	100	2.17	2.10	2.05	5.11	8.76	3.85

Tabela 4.3 Tabela de resultados para a peça de trabalho - 3

Os gráficos seguintes podem ser gerados a partir da tabela de resultados acima indicada:

I. Diâmetro da fresa v/s Tempo de desbaste

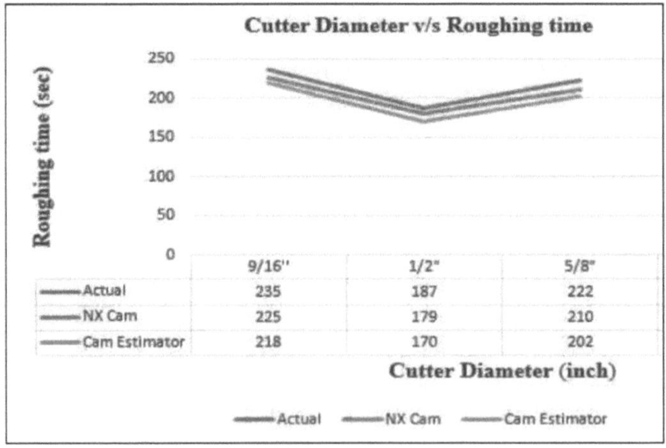

Fig. 4.1 Gráfico do diâmetro do cortador v/s tempo de desbaste

II. Diâmetro do cortador v/s Tempo total

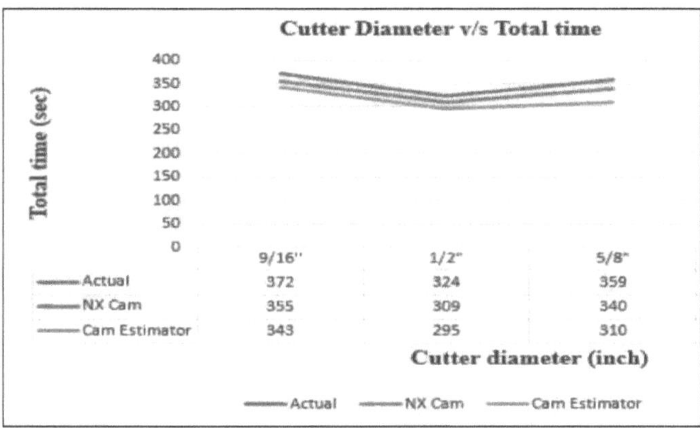

Fig. 4.2 Gráfico do diâmetro do cortador v/s Tempo total

A partir de ambos os gráficos acima apresentados do **diâmetro da fresa versus o tempo de desbaste** e do **diâmetro da fresa versus o tempo total**, é evidente que, para criar furos com 17 mm de diâmetro e 20 mm de profundidade, o diâmetro da fresa de 1/2" é o que dá menos tempo. Também se pode notar que os valores estimados do tempo de maquinagem do software NX CAM e do Estimador CAM proposto são muito paralelos aos resultados reais.

III. Velocidade v/s Tempo de desbaste

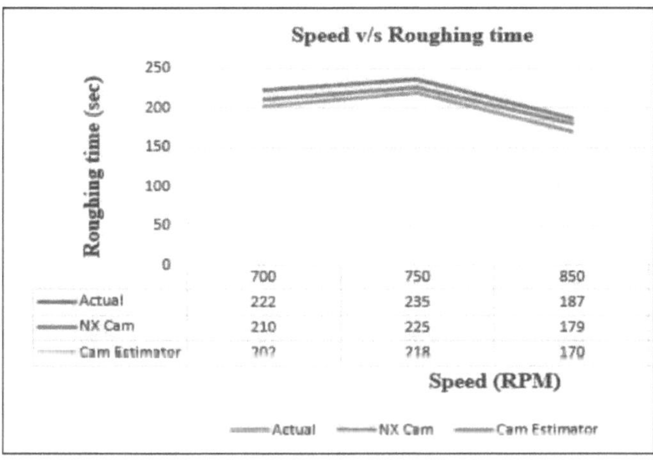

Fig. 4.3 Gráfico da velocidade v/s tempo de desbaste

IV. Velocidade v/s Tempo total

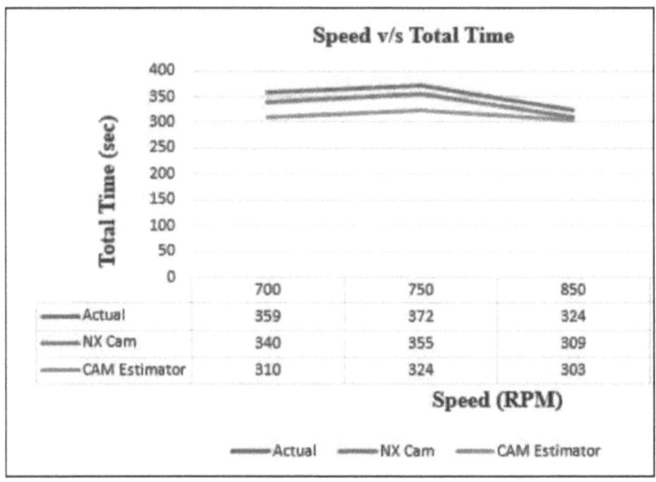

Fig. 4.4 Gráfico da velocidade v/s tempo total

A partir dos dois gráficos seguintes, acima apresentados, da **velocidade v/s tempo de desbaste** e da **velocidade v/s tempo total**, é visível no gráfico que, para a maquinagem de furos com 17 mm de diâmetro e 20 mm de profundidade, o tempo necessário para o desbaste, bem como o tempo total, aumentam ligeiramente no intervalo de 700-750 e depois diminuem de 750-850. Também é evidente a partir do gráfico que os resultados da maquinação real e o tempo estimado do NX CAM e do CAM Estimator estão bastante próximos.

V.   Avanço v/s Tempo de desbaste

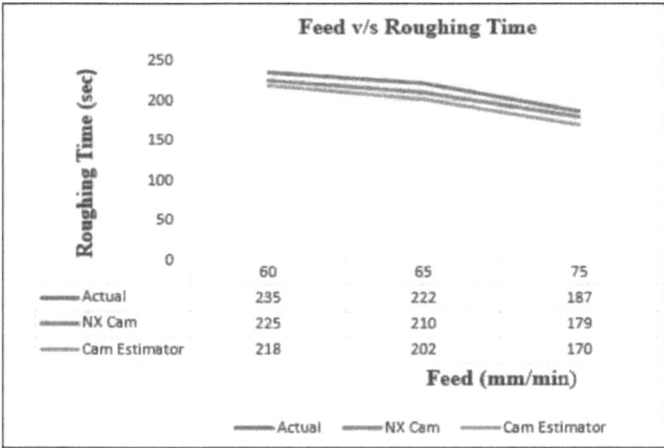

Fig. 4.5 Gráfico do avanço v/s tempo de desbaste

VI.   Alimentação v/s Tempo total

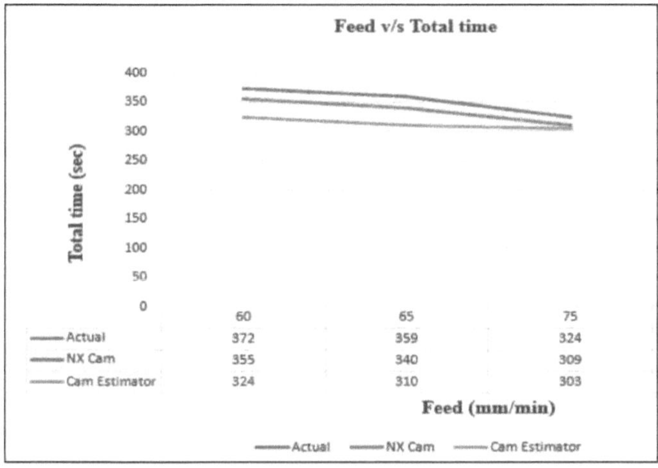

Fig.4.6 Gráfico de alimentação v/s tempo total

Os gráficos acima apresentados referem-se ao **avanço em relação ao tempo de desbaste** e ao **avanço em relação ao tempo total**. É evidente a partir do gráfico que o tempo de desbaste e o tempo total são continuamente

diminuindo com o aumento das taxas de avanço. Também é muito claro que os resultados da estimativa de tempo do NX CAM e do CAM Estimator estão muito mais próximos dos resultados experimentais efectivos.

4.2 RESULTADOS E DISCUSSÃO PARA A CARACTERÍSTICA DE RANHURA

O trabalho experimental de maquinagem de ranhuras foi realizado no material de aço macio. A máquina utilizada é o Centro de Maquinação Vertical (VMC) 1050 (fabricado pela JYOTI). Foram maquinadas 2 ranhuras com uma largura de 7,5 mm e uma profundidade de 21 mm. Antes do trabalho experimental, foram adoptadas as seguintes premissas:

1. O tempo de preparação da máquina e da peça de trabalho não é considerado no tempo do ciclo de maquinagem.

2. Durante a maquinagem, o valor da profundidade axial de corte é considerado constante como 1 mm

3. O líquido de arrefecimento utilizado no processo de maquinagem é o óleo sintético.

4. Para comparar os resultados do NX CAM e do CAM ESTIMATOR proposto, são considerados os mesmos factores em ambos os sistemas.

5. O material utilizado para a ferramenta de corte é o aço de alta velocidade.

A maquinação de 2 ranhuras foi efectuada em três peças de trabalho utilizando diferentes conjuntos de velocidade e avanço para completar o processo de maquinação.

A tabela que apresenta os resultados do atual, do NX CAM e do Estimador CAM proposto para as três peças de trabalho , utilizando diferentes parâmetros de corte para o desbaste e o corte de acabamento, é apresentada da seguinte forma:

Peça de trabalho - 1:

Feature	Diameter of cutter	Speed (RPM)	Feed (mm/min)	Actual Time (min)	NX CAM Time (min)	CAM Estimator Time (min)	Error between Actual and NX time (%)	Error between Actual and CAM Estimator time (%)	Error between NX and CAM Estimator time (%)
SLOT	1/2"	2600	1200	4.41	4.30	4.21	3.91	7.11	3.33
HOLE	11/16"	1200	65	2.00	1.55	1.50	4.16	5.83	4.34

Quadro 4.4 Quadro de resultados da peça de trabalho - 1

Peça de trabalho - 2:

Feature	Diameter of cutter	Speed (RPM)	Feed (mm/min)	Actual Time (min)	NX CAM Time (min)	CAM Estimator Time (min)	Error between Actual and NX time (%)	Error between Actual and CAM Estimator time (%)	Error between NX and CAM Estimator time (%)
SLOT	1/2"	2400	1250	4.33	4.20	4.10	4.76	8.42	3.84
HOLE	11/16"	1200	65	2.00	1.55	1.50	4.16	5.83	4.34

Tabela 4.5 Quadro de resultados da peça de trabalho - 2

Peça de trabalho - 3:

Feature	Diameter of cutter	Speed (RPM)	Feed (mm/min)	Actual Time (min)	NX CAM Time (min)	CAM Estimator Time (min)	Error between Actual and NX time (%)	Error between Actual and CAM Estimator time (%)	Error between NX and CAM Estimator time (%)
SLOT	1/2"	2800	1150	4.57	4.43	4.30	4.71	9.09	4.59
HOLE	11/16"	1200	65	2.00	1.55	1.50	4.16	5.83	4.34

Tabela 4.6   Quadro de resultados da peça de trabalho - 3

Os gráficos seguintes podem ser gerados a partir da tabela de resultados acima indicada:

I. Velocidade v/s Tempo de entalhe

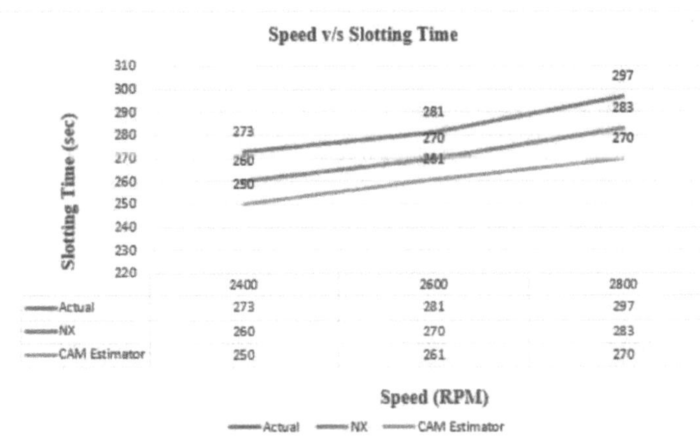

Fig.4.7 Gráfico da velocidade v/s tempo de ranhura

II. Tempo de alimentação vs. tempo de entalhe

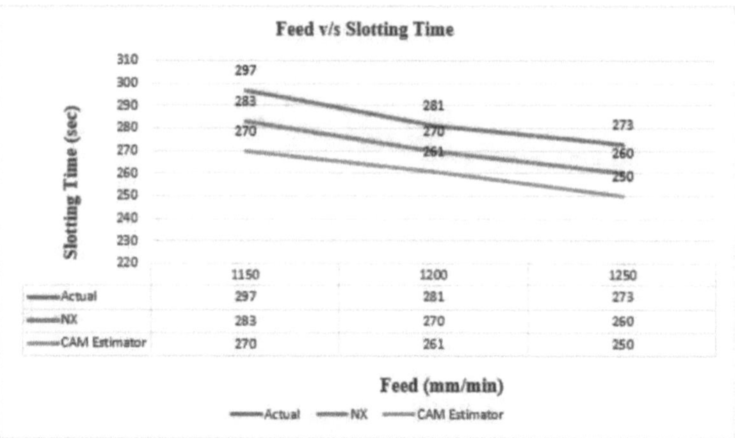

Fig.4.8 Gráfico de alimentação v/s tempo de ranhura

Os gráficos acima apresentados referem-se à **velocidade versus tempo de corte** e ao **avanço versus tempo de corte**. É evidente a partir do gráfico que o tempo de corte em bruto e o tempo total estão a diminuir continuamente com o aumento das taxas de avanço. Também é muito claro que os resultados da estimativa de tempo do NX CAM e do CAM Estimator estão muito mais próximos dos resultados experimentais reais.

CAPÍTULO 5
CONCLUSÃO E ÂMBITO FUTURO

5.1 <u>CONCLUSÃO</u>

> Foi desenvolvido um protótipo de sistema para calcular o tempo de maquinagem com base em técnicas baseadas em caraterísticas.

> O sistema proposto é muito útil para a indústria do trabalho, que tem estado em fase de desenvolvimento ultimamente.

> Os trabalhadores destas indústrias indicam os preços aos clientes com base no tempo necessário para maquinar uma determinada caraterística.

> Por conseguinte, estas indústrias podem utilizar este estimador de cames para calcular o tempo e, assim, apresentar aos clientes os preços dos trabalhos. Deste modo, também se garante a satisfação do cliente.

> As estimativas de tempo são bastante exactas e os erros em relação ao tempo real de maquinagem estão dentro dos limites aceitáveis.

> Foi efectuado um estudo comparativo entre as estimativas de tempo do sistema proposto, as estimativas do NX e as leituras experimentais.

> Os resultados indicam que o método proposto também é viável e aplicável na indústria.

5.2 <u>ÂMBITO FUTURO</u>

> Muitas novas funcionalidades podem ser incluídas no sistema protótipo desenvolvido e outros factores que afectam a estimativa do tempo, como a influência do percurso da ferramenta, podem também ser incluídos no software.

> O fator da profundidade de corte e a sua influência também podem ser incluídos no Estimador CAM.

> O sistema de interface gráfica com o utilizador (GUI) também pode ser incluído no sistema proposto, que pode identificar diretamente as caraterísticas do modelo CAD.

REFERÊNCIAS

TRABALHOS DE INVESTIGAÇÃO

[1] Y.-S. Ma, N. Sajadfar, and L. Campos Triana, A Feature-Based Semantic Model for Automatic Product Cost Estimation, IACSIT International Journal of Engineering and Technology, Vol. 6, No. 2, April 2014

[2] Yunbo Zhou , YingguangLi , WeiWang, A feature-based fixture design methodology for the manufacturing of aircraft structural parts, Robotics and Computer-Integrated Manufacturing 27 986-993, 2011

[3] Vamsi Krishna, P, Shankar, N.V.S & Surendra Babu,B, Modelação baseada em caraterísticas e geração automática de planos de processo para torneamento de componentes, Advances in Production Engineering & Management 6 3, 153-162, 2011

[4] Coelho RT, Souza AF, Roger AR, Rigatti AM, Lima RA. Abordagem mecanística para previsão do tempo real de usinagem no fresamento de geometrias de forma livre aplicando alto avanço. Revista Internacional de Tecnologia de Manufatura Avançada 2010; 46(9/12):1103-11

[5] So BS, Jung YH, Park JW, Lee DW. Algoritmo de estimativa do tempo de maquinagem em cinco eixos baseado nas caraterísticas da máquina. Jornal de Tecnologia de Processamento de Materiais 2007; 187-188:37-40

[6] Asif Iqbal, Ning He , Liang Li , Naeem Ullah Dar, Um sistema pericial difuso para otimizar parâmetros e prever medidas de desempenho no processo de fresagem, Sistemas Periciais com Aplicações 32 (2007) 1020-1027

[7] Heo EY, Kim DW, Kim BH, Chen FF. Estimativa do tempo de maquinação NC utilizando a distribuição de blocos NC para maquinação de superfícies esculpidas. Robotics and Computer-Integrated Manufacturing 2006; 22:437-46

[8] Siller H, Rodriguez CA, Ahuett H. Previsão do tempo de ciclo em operações de fresagem de alta velocidade para acabamento de superfícies esculpidas. Journal of Materials Processing Technology 2006; 174(1/3):355-62

[9] W.D. Li, S.K.Ong, A.Y.C Nee, Recognizing manufacturing features from a design by feature model, Computer Aided Design 34, 849-868, 2002

[10] Shah JJ, Anderson D, Kim YS, Joshi S. (2001), A discourse on geometric feature recognition from CAD models. Jornal de Computação e Ciência da Informação em Engenharia

[11] X. Yan, K. Yamazaki, J. Liu, Recognition of machining features and feature topologies from NC programs, Computer-Aided Design 32 (2000) 605-616

[12] Peter Leibl, Guenther Hoehne, Concurrent cost calculations with a feature based CAD system, Proceedings of Symposium on Design for Manufacturability: Congresso e Exposição Internacional de

Engenharia Mecânica, 14 a 19 de novembro de 1999

[13] Changqing Liu, Yingguang Li , Wei Wang, Weiming Shen, Um modelo de previsão de tempo de maquinação NC baseado em caraterísticas, 15ª Conferência Internacional sobre Trabalho Cooperativo Apoiado por Computador em Design, 2011

[14] Hendry Muljadi , Hideaki Takeda e Koichi Ando, A Feature Library as a Process Planners' Knowledge Management System, IJCSNS International Journal of Computer Science and Network Security, VOL.7 No.5, May 2007

[15] Y.F. Zhang , J.Y.H. Fuh, W.T. Chan, Feature-based cost estimation for packaging products using neural networks, Computers in Industry 32 (1996) 95-113

[16] Indrajitsinh J. Jadeja, Kirankumar M. Bhuptani, Desenvolvendo um software de design baseado em GUI em ambiente VB para integrar com CREO para design e modelagem usando estudo de caso de acoplamento, International Journal of Engineering Sciences & Research Technology (abril de 2014), 4089-4095.

LIVROS

[17] Parametric and Feature-Based CAD/CAM: Concepts, Techniques, and Applications by Jami J. Shah, Martti Mantyla.

[18] Livro de Dados Técnicos de P.S.Gill.

[19] Machine Tool Design Handbook por P.H.Joshi, Tata McGraw-Hill Education.

[20] Machine Tool Design Handbook, CMTI - Bangalore.

LIGAÇÕES WEB

a) John W. Sutherlands, Página de Investigação, junho de 2012
    http://www.mfg.mtu.edu/cyberman/machining/trad/milling/

b) Carbide Processing Incorporation,
    http://www.carbideprocessors.com/pages/machine-coolant/types-of-machine- coolant.html

c) Oficina mecânica moderna, reconhecimento de caraterísticas - o elo que falta para a CAM automatizada,
    http://www.mmsonline.com/articles/feature-recognition--the-missing-link-to- automated-cam

d) SIEMENS PLM Software, Sobre o NX
    http://www.plm.automation.siemens.com/en_us/products/nx/sobre_nx_software.html

e) Software SIEMENS PLM, NX Manufacturing
    https://www.plm.automation.siemens.com/en_us/products/nx/for- fabrico/

APÊNDICE A

CARTÃO DE REVISÃO

GUJARAT TECHNOLOGICAL UNIVERSITY
(Established Under Gujarat Act No.: 20 of 2007)

ગુજરાત ટેકનોલોજીકલ યુનિવર્સિટી

(ગુજરાત અધિનિયમ ક્રમાંક: ૨૦/૨૦૦૭ દ્વારા સ્થાપિત)

Master of Engineering

(Dissertation Review Card)

Name of Student : AKASH. A SHUKLA

Enrollment No. : | 1 | 4 | 0 | 0 | 3 | 0 | 7 | 0 | 8 | 0 | 0 | 5 |

Student's Mail ID:- akashshukla54@gmail.com

Student's Contact No. : 9601436322

College Name : ATHIYA INSTITUTE OF TECHNOLOGY & SCIENCE, RAJKOT

College Code : | 0 | 0 | 3 |

Branch Code : | 0 | 8 | Branch Name : CAD / CAM

Theme of Title : MANUFACTURING - CAD/CAM

Title of Thesis : "FEATURE BASED MACHINING TIME ESTIMATION"

Supervisor's Detail	**Co-supervisor's Detail**
Name: SHIVANG. S. JANI	Name: DR. G.D. ACHARYA
Institute: AITS, RAJKOT	Institute: AITS, RAJKOT
Institute Code: 003	Institute Code: 003
Mail Id: ssjani@aits.edu.in	Mail Id: Principal@aits.edu.in
Mobile No.: 8000322128	Mobile No.: 9978922011

~1~

52

❖ **Comments For Internal Review (2730002)**   **(Semester 3)**

Sr. No.	Comments given by Internal review panel (Please write specific comments)	Modification done based on Comments
1.	Modify title	→ Title is Modified
2.	Generate data base for machining as per standard.	→ Machining Data base is generated.
3.	Create frame structure in Visual basic.	→ Frame structure is developed using Visual Basic.

Particulars	Internal Review Panel	
	Expert 1	Expert 2
Name :	J. B. Kaneri	S. S. Jani
Institute :	AITS	AITS
Institute Code :	003	003
Mobile No. :	9979084030	8000322128
Sign :		Jani

Particulars	Internal Guide Details	
	Expert 1	Expert 2
Name :	Shivang S. Jani	Dr. G. D. Acharya
Institute :	AITS, Rajkot	AITS, Rajkot
Institute Code :	003	003
Mobile No. :	8000322128	9978922011
Sign :	Jani	Acharya

53

❖ **Comments of Dissertation Phase-1 (2730003)**   (Semester 3)

Exam Date : 31 / 12 / 2015   Hall No : 15

Title : " FEATURE BASED MACHINING TIME ESTIMATION "

1. Appropriateness of title with proposal. (Yes/ No) _______________

2. Justify rational of proposed research. (Yes/ No) _______________

3. Clarity of objectives. (Yes/ No) ___ Yes ___

Sr. No.	Comments given by External Examiners (DP-I) : (Please write specific comments)	Modification done based on Comments
	No limitation, while I delet your result for other features	→ Slot features has been added.
	Make sure to link the database with the front End (V.B.E).	→ Database was linked. V.B.E Fauntend.
	Ensure citation of the gap you have found. [Reference should be mentioned for the challenge to NX SW limitation	→ Citation has been added for the research gap & not challenging NX CAM software but trying to make it parallel to NX CAM software
		Mani

- Approved ☐
- Approved with suggested recommended changes ☑ } Please tick on any one
- Not Approved ☐

> ## *Details of External Examiners :*

Particulars	Name	University / College Name & Code	Mobile No.	Sign.
Expert 1	HPDojli	IIT RAm	98254625.	*(sign)*
Expert 2	S.S. Pathan	GEC Palampur	9428595336	*(sign)*
Expert 3				

Enrollment No. of Student : | 1 | 4 | 0 | 0 | 3 | 0 | 7 | 0 | 8 | 0 | 0 | 5 |

❖ **Comments of Mid Sem Review (2740001)**   (Semester 4)

Exam Date : 06 /04 /2016

Hall No : 13

Sr. No.	**Comments given by External Examiners :** i) The appropriateness of the major highlights of work done; State here itself if work can be approved with some additional changes. ii) Main reasons for approving the work. iii) Main reasons if work is not approved.	**Modification done based on Comments**
1.	Include the limitations.	
2.	Remaining work is to be completed.	

- *Approved* ☐
- *Approved with suggested recommended changes* ☑   } — Please tick on any one
- *Not Approved* ☐

➤ **Details of External Examiners :**

Particulars	Name	University / College Name & Code	Mobile No.	Sign.
Expert 1	Prof. S. P. Tewan	MED, I.I.T.C B. H.U.) Varanasi	09721683896	
Expert 2	S. S. Pathan	GEC Palanpur	9428598736	
Expert 3				

Enrollment No. of Student : ☐☐☐☐☐☐☐☐☐☐☐☐☐☐

❖ **Comments of DP-II Review (2740002)**　　(Semester 4)

Exam Date : ____ / ____ / ____________

Hall No :

Sr. No.	Comments given by External Examiners : i) The appropriateness of the major highlights of work done; State here itself if work can be approved with some additional changes. ii) Main reasons for approving the work. iii) Main reasons if work is not approved.	Modification done based on Comments

- Approved ☐
- Approved with suggested recommended changes ☐
- Not Approved ☐

Please tick on any one

➢ Details of External Examiners :

Particulars	Name	University / College Name & Code	Mobile No.	Sign.
Expert 1				
Expert 2				
Expert 3				

~ 6 ~

APÊNDICE B

RELATÓRIO DE CONFORMIDADE

RELATÓRIO DE CONFORMIDADE PARA ANÁLISE DOS COMENTÁRIOS DOS CARTÕES

Respondi a todos os comentários feitos pelo examinador na fase 1 da dissertação e na revisão intercalar. Revi todos os comentários do examinador e tentei dar o meu melhor para os cumprir. O cumprimento dos comentários e sugestões está listado na tabela abaixo.

Sr. No.	Examiner Comments	Fulfilments
1.	**Dissertation Phase – 1:** 1) Validate your result for other features	Slot Feature has been added.
	2) Make sure to link the database with the front end (V.B.E.)	Database has been linked with the V.B.E. front end.
	3) Ensure citation of the gap you have found [Reference should be mentioned if the challenge to NX software limitation]	Citation Has been added for the research gap and not challenging NX CAM software but trying to make it parallel to NX CAM software.
2.	**Mid Semester Review:** 1) Include the limitations	Limitations of CAM Estimator has been included.
	2) Remaining work is to be completed.	Remaining work has been completed.

Consortium e-Learning Network
Empowering Learners
ISO 9001: 2008 Certified
ISSN: 2347-9930
Certificate of Publication
We acknowledge the manuscript
"......Feature...Based..Time..Estimation.:..A Review............."
Submitted by
..Akash Shukla.....
Published in..Journal..of..Production Research..&..Management...
Volume....5....... Issue...3........
DRJI
Google
NCBI
J-Gate
INDEX COPERNICUS INTERNATIONAL
Journal TOCs
WorldCat
CiteFactor
Archana Mehrolia
Director's Signature

Consortium
Network
ISO 9001: 2008 Certified
ISSN: 2347-9930
Certificate of Publication
We acknowledge the manuscript
Another Look towards Product Cost Estimation using Feature Techniques
Submitted by
Akash Shukla
Published in Journal of Production Research & Management
Volume 06 Issue 01
Director's Signature

I want morebooks!

Buy your books fast and straightforward online - at one of world's fastest growing online book stores! Environmentally sound due to Print-on-Demand technologies.

Buy your books online at
www.morebooks.shop

Compre os seus livros mais rápido e diretamente na internet, em uma das livrarias on-line com o maior crescimento no mundo! Produção que protege o meio ambiente através das tecnologias de impressão sob demanda.

Compre os seus livros on-line em
www.morebooks.shop

Printed by Books on Demand GmbH, Norderstedt / Germany